# 青岛市住宅工程渗漏、开裂专项治理两大行动优秀创新做法图文集

**主编 青岛市住房和城乡建设局**

中国海洋大学出版社

·青岛·

图书在版编目（CIP）数据

青岛市住宅工程渗漏、开裂专项治理优秀创新做法图
文集 / 青岛市住房和城乡建设局主编 . -- 青岛 : 中国
海洋大学出版社 , 2021.4
　ISBN 978-7-5670-2787-9

Ⅰ . ①青… Ⅱ . ①青… Ⅲ . ①住宅 – 建筑防水 – 工程
施工 – 青岛②住宅 – 墙体裂缝 – 工程施工 – 青岛 Ⅳ .
① TU241 ② TU761.1 ③ TU364

中国版本图书馆 CIP 数据核字 (2021) 第 044271 号

| 出版发行 | 中国海洋大学出版社 | | |
| --- | --- | --- | --- |
| 社　　址 | 青岛市香港东路 23 号 | 邮政编码 | 266071 |
| 出 版 人 | 杨立敏 | | |
| 网　　址 | http://pub.ouc.edu.cn | | |
| 电子信箱 | 2586345806@qq.com | | |
| 订购电话 | 0532-82032573（传真） | | |
| 责任编辑 | 矫恒鹏 | 电　　话 | 0532-85902349 |
| 印　　制 | 青岛海蓝印刷有限责任公司 | | |
| 版　　次 | 2021 年 4 月第 1 版 | | |
| 印　　次 | 2021 年 4 月第 1 次印刷 | | |
| 成品尺寸 | 280 mm×210 mm | | |
| 印　　张 | 6.25 | | |
| 字　　数 | 186 千 | | |
| 印　　数 | 1 ~ 5000 | | |
| 定　　价 | 67.00 元 | | |

发现印装质量问题，请致电 0532-88786655，由印刷厂负责调换。

# 前言

  住宅渗漏、开裂问题关系人民群众居住生活质量。为进一步提高住宅工程质量，提升人民群众幸福感和获得感，青岛市住建局自 2018 年 6 月开展为期两年的住宅工程渗漏、开裂实施专项治理两大行动，取得显著成效。为深入贯彻落实国家、省、市关于质量提升行动工作的总体部署，全面落实各方主体责任，推动建筑工程质量总体水平稳步提升的有效措施，根据"两大行动"评选出的青岛市住宅工程渗漏、开裂专项治理优秀创新做法编写了本图文集。

  本图文集对住宅工程渗漏开裂的精细化施工工艺予以介绍，收录了建筑外窗防渗漏、建筑外墙防渗漏、建筑楼地面防渗漏、建筑地下室防渗漏、建筑内外墙防开裂、建筑楼地面防开裂共 6 大类 36 个具有较强创新性和实用性的创新防治做法。

  在本图文集编写过程中，我们得到了青岛市建筑业协会等有关单位及行业内专家的大力支持，在此一并表示感谢！

# 目录

# 第一篇 建筑外窗防渗漏

# 带附框外窗防渗漏节点创新做法
## 编制单位：青建集团股份公司

### 一、做法简介及特点

总结外窗渗漏的原因，以附框与结构面、附框与主框以及主框与饰面三个部位密封封堵为主要研究对象，通过现场试验，总结适用于带附框外窗防渗漏节点做法，施工便捷，防治效果良好。

### 二、工艺原理

1. 发泡作为临时封堵，减小振动影响，同时起到断桥作用。

2. 硅酮耐候胶属于油性黏结性密封材料，具有防水性能，属于弹性材料，具有变形性能，用于窗外侧封堵附框与结构面、附框与主框以及主框与饰面的缝隙。

### 三、工艺流程及操作要点

1. 工艺流程：

定位固定附框→发泡→附框与结构面间密封胶施工→固定外窗框→窗框与附框间发泡→外墙保温施工→窗框与附框间打密封胶→外墙饰面施工→窗框与外饰面间进行密封胶施工。

2. 操作要点：

（1）定位固定附框。见图 1.1.1、图 1.1.2 。

（2）附框与结构面之间缝隙清理干净，发泡填充密实，表面压平。见图 1.1.3、图 1.1.4 。

（3）将窗户外侧的结构面顶面、附框的外侧清理干净，均匀涂刷聚氨酯，干燥后采用硅酮耐候胶封堵严密。

图 1.1.1 定位固定附框 1　　　图 1.1.2 定位固定附框 2

图 1.1.3 发泡填充 1　　　　图 1.1.4 发泡填充 2

（4）固定外窗主框。

（5）外墙保温施工。

（6）主框与附框间隙清理干净后，采用耐候密封胶封堵严密。

（7）外墙饰面施工。

（8）外墙饰面完成后，清理饰面表面及主框，采用硅酮耐候胶封堵外墙饰面材料与窗户主框之间的缝隙。

**四、经济效益**

该做法单价为 12.87 元 / 平方米，应用案例窗规格为 2 500×1 750，则单个外窗该做法的造价为 12.87 元 / 平米 ×4.375=56.3 元。

图 1.1.5　涂刷聚氨酯　　　图 1.1.6　密封胶

图 1.1.9　密封胶 1　　图 1.1.10　密封胶 2　　　图 1.1.7　密封胶 1　　图 1.1.8　密封胶 2

# 外窗双企口抹灰创新做法
## 编制单位：青建集团股份公司

## 一、做法简介及特点

本做法通过在抹灰施工过程中，从原来的单企口施工方式的基础上在窗内侧再增加一道企口，形成两道止水层，并使每一道企口都带有坡度，大幅度增加了窗户防渗漏效果，已成功应用于新建住宅及配套（万科北宸之光）项目二期项目。

## 二、工艺原理

以180厚墙体、65型材、60厚保温为例，第一阶企口，即窗外侧部分宽度115（含外墙保温厚度），高度5；第二阶企口，即型材安装处厚度10，宽度为65；第三阶企口，即靠近室内一侧的企口厚度为15，宽度90（含内墙抹灰15厚），并向外侧做坡，根据图纸设计尺寸以及现场实际情况绘制施工图纸。见图1.2.1。

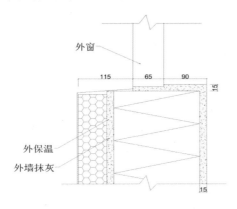

**图 1.2.1 窗口抹灰成型示意图**

## 三、工艺流程及操作要点

基层清理→窗口找平→第一道企口施工→第二道企口施工→第三道企口施工→拆除夹具。

1. 基层清理：

施工前对窗台基层进行清理，并浇水润湿。见图1.2.2、图1.2.3。

**图 1.2.2 基层清理**

**图 1.2.3 浇水湿润**

2. 窗口找平：

抹灰前在窗口内外两侧使用模板或木方固定，并调整好水平和抹灰厚度。见图1.2.4。

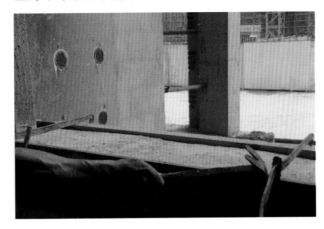

**图1.2.4 窗口找平**

3. 第一道企口抹灰施工：

在外墙抹灰完成后进行窗洞口水泥砂浆抹灰，抹灰应分层进行，第一遍涂抹时应赶光压实，厚度为5 mm，宽度为270 mm。见图1.2.5、图1.2.6。

**图1.2.5 第一道企口抹灰**

**图1.2.6 赶光压实**

4. 第二道企口施工：

当底层砂浆初凝时，在进行第二道抹灰；待累计厚度达到10 mm，宽度到达155 mm时，用灰刀刮平，再用木抹子搓平拉毛，并进行平整度与垂直度测量。见图1.2.7、图1.2.8。

**图1.2.7 第二道企口抹灰**

图 1.2.8 压实拉毛

5. 第三道企口施工：

待第二道抹灰初凝时，再进行第三道抹灰；待累计厚度达到 15 mm，宽度 90 mm 时，用直尺刮平，再用木抹子搓平拉毛，并进行平整度与垂直度测量。见图 1.2.9。

图 1.2.9 第三道企口抹灰

6. 拆除夹具：

待整个窗口砂浆初凝后，将用于窗口找平的夹具拆除。

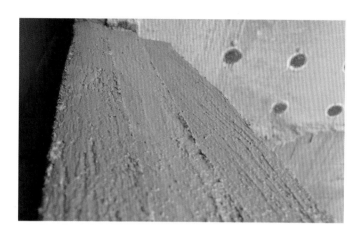

图 1.2.10 拆模成型

## 四、经济效益

该做法单价为 15 元 / 米，应用案例单个外窗该做法造价 15 元 / 米 × 5 米 =75 元（人工费 + 材料费）。

# 外墙窗下口隐藏造型防渗漏创新做法
编制单位：青岛青房建安集团有限公司

## 一、做法简介及特点

本做法是在窗下口外墙处设置混凝土外伸式压顶，适用于所有建筑外窗。

## 二、工艺原理

本做法在窗下口外墙处设置混凝土外伸式压顶，将窗台压顶外伸同外墙保温同厚，用压顶遮住外墙保温板。原理见图 1.3.1。

## 三、工艺流程及操作要点

砌体砌筑→压顶及外伸部位支模→压顶钢筋绑扎→窗压顶浇筑混凝土→窗压顶拆模→外墙保温及饰面。

1. 压顶支模需考虑窗台坡度内高外低，相差 2 cm。同时支模要控制外伸台的宽度尺寸，避免后期外伸台伸出保温板饰面层的情况，影响整体美观。支模见图 1.3.2。

2. 外伸部位的钢筋，通过箍筋与压顶上层钢筋相连，防止外伸形成素混凝土。

3. 浇筑混凝土前需要将模板冲洗干净并对抱框周围的砌体进行润水，保证混凝土与砌体的结合。浇筑混凝土应采用专用的小型振捣棒对抱框混凝土进行振捣，避免拆模后蜂窝麻面。窗台的顺坡要明显，以便后期装饰施工。

4. 压顶的混凝土拆模时抱框的棱角不能受破坏。特别是外伸部位的小台一定要做好成品保护措施。拆模装饰效果见图 1.3.3 至图 1.3.6。

5. 外墙保温压顶外伸部位的保温板一定要满粘密封，因窗口打胶还需 8 mm 空间，上部玻化微珠挂网抹灰一定避免将泄水口堵死造成积水。

玻化微珠保温在窗台处尤其是企口部位需要抹严密，避免裂缝积水。外墙保温完成后看不出压顶外伸，与设计一致。见图 1.3.7 和图 1.3.8。

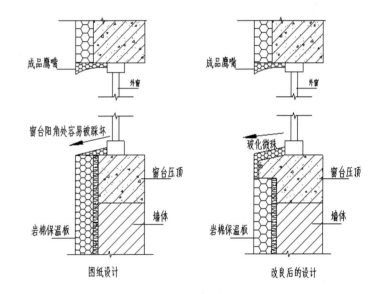

**图 1.3.1  窗台压顶外伸造型防渗原理图**

质量要求：压顶外伸部位钢筋应与压顶钢筋连接成一个整体。外窗台向外坡度需保证 2 cm 高差。窗台不能出现大小头，偏差不超过 10 mm。洞口的平整度允许偏差不超过 5 mm。拆模后的麻面数量面积不能大于 0.05m²。外伸部位不能缺棱掉角。

图 1.3.2 支设压顶及外伸部分模板

图 1.3.3 压顶坡向示意图

图 1.3.6 窗台下造型抹灰效果

图 1.3.4 压顶成型效果

图 1.3.5 压顶立面效果

图 1.3.7 压顶坡向示意图

图 1.3.8 压顶坡向示意图

**四、经济效益**

本做法操作简便，易于掌握，既解决了外墙渗漏问题又加固了窗台，节省了窗台处的保温材料用料，经测算造型由原做法约造价 50 元 / 米降至改良做法后的 38.9 元 / 米。降比约 22%。

# 第二篇 建筑外墙防渗漏

青岛市住宅工程渗漏、开裂专项治理两大行动优秀创新做法图文集

# 外墙对拉螺栓眼封堵创新做法
编制单位：荣华建设集团有限公司

## 一、做法简介及特点

本做法通过在外墙对拉螺栓眼两端塞锥形橡皮塞，中间打发泡胶，外侧做防水，很大程度上减少了渗漏隐患，已成功应用于万科未来城 B3 地块项目。该做法干式施工，取代砂浆；安装简单快捷，省时省工；锥形橡胶具有膨胀性，防水效果好。

## 二、工艺原理

使用具备遇水膨胀的橡皮塞填塞两端，将水阻挡在螺栓眼外，采用 3 遍聚氨酯防水、2 端钉锥形橡皮塞、1 处中间空腔填满发泡的方式处理。见图 2.2.1。

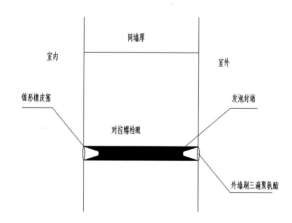

图 2.1.1 外墙对拉螺栓眼封堵施工大样图

## 三、工艺流程及操作要点

清除伸出墙面塑料套管及基层清理→外侧堵塞→打发泡胶→内侧堵塞→螺杆孔外侧做防水。

1. 清除伸出前面塑料套管及基层清理：

先利用角磨机将螺杆机周边浮浆从根部割除，磨平，后用小型吹风机将杂物清理干净。见图 2.1.2、图 2.1.3。

 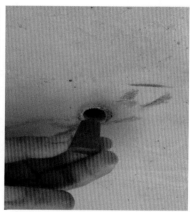

**图 2.1.2 墙面螺杆眼基层清理　图 2.1.3 清理后的基层效果**

2. 外侧堵塞：

橡皮塞直径必须略大于对拉螺栓孔径，以保证对拉螺栓孔与橡皮塞间密封。一般工程普遍采用 A12 对拉螺栓，螺栓孔 A14，采用 A16 橡皮塞进行封堵密实。见图 2.1.1、图 2.1.5。

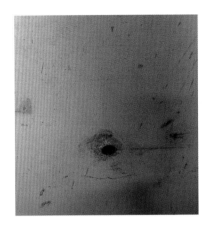

**图 2.1.4　外墙内外侧锥形橡皮塞**

**图 2.1.5　外侧锥形橡皮塞钉入与墙平齐**

3. 打发泡胶：

外侧螺栓洞封堵后采用同墙厚的发泡枪从里往外匀速打发泡胶。见图 2.1.6 至图 2.1.8。

**图 2.1.6　同墙厚的发泡枪**

**图 2.1.7　采用发泡枪打入发泡**

**图 2.1.8　打入发泡后的效果图**

4. 内侧堵塞：

橡皮塞与对拉螺栓孔间密封并将橡皮塞完全锤入，内侧橡皮塞在发泡胶未硬化前锤入。见图 2.1.9、图 2.1.10。

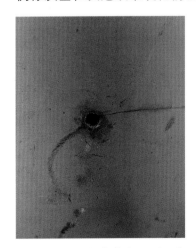

**图 2.1.9　橡皮塞锤入与墙平齐**

**图 2.1.10　外墙内侧封堵**

5. 螺杆孔外侧做防水：

聚氨酯涂膜防水刷在对拉螺栓孔处，为方便验收、防止漏刷分，3种不同颜色聚氨酯涂刷，第一遍为白色，第二遍采用红色涂刷，第三遍采用黑色涂刷，形状为直径分别为 150 mm、130 mm、110 mm 的圆形。见图 2.1.10、图 2.1.11。

**图 2.1.10 密封胶 1**　　　　**图 2.1.11 密封胶 2**

### 四、经济效益

经测算，相比传统做法，本创新做法螺栓眼节省人工费及材料费 0.5元（人工费每个节省 0.3 元，材料费节省 0.2 元），每 100 ㎡ 螺栓孔为360 个，费用为 360×0.5=180 元。万科未来城 B3 地块 3.3 期工程总建筑面积 7 400 ㎡，外墙面积 27 500 ㎡，应用本做法共可节约成本约 5 万元。

# 砌体外墙防渗漏创新做法

编制单位：荣华建设集团有限公司

## 一、做法简介及特点

本做法通过加强防水的处理方式降低砌体外墙渗漏率，已成功应用于小珠山大溪谷北美小镇 A2.2 期工程。有效解决砖砌体后期出现渗漏的问题，减少后期渗漏维修费用。

## 二、工艺原理

建筑砌体外墙顶端填塞密实并压进 5 mm 深凹槽，后续通过使用防水砂浆薄抹面处理，涂刷 1.2 mm 厚 JS 防水涂料多道防水做法来减少渗漏。见图 2.2.1。

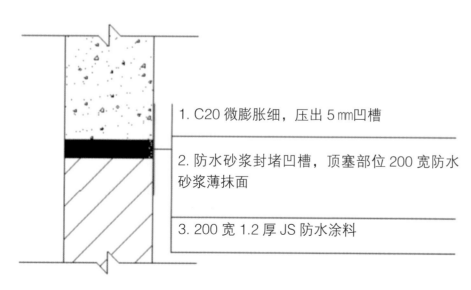

1. C20 微膨胀细，压出 5 mm 凹槽

2. 防水砂浆封堵凹槽，顶塞部位 200 宽防水砂浆薄抹面

3. 200 宽 1.2 厚 JS 防水涂料

**图 2.2.1　做法节点结构图**

## 三、工艺流程及操作要点

外侧留设 5 mm 深凹槽→防水砂浆 200 mm 宽同时填塞凹槽→JS 防水涂料→淋水试验。

1. 外侧凹槽留设：顶塞部位封堵完成后，使用勾缝工具挤压出 5 mm 深凹槽，保证密实性。见图 2.2.2、图 2.2.3。

**图 2.2.2 15 mm 深凹槽细部**

**图 2.2.3 5 mm 深凹槽大面**

2. 防水砂浆 200 mm 宽：顶塞部位上下 200 mm 宽范围内使用防水砂浆抹面，同时填补凹槽。见图 2.2.4、图 2.2.5。

图 2.2.4  200 mm 防水砂浆细部

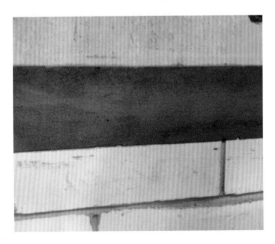

图 2.2.5  顶塞完成成型效果图

3.JS 防水涂料：JS 涂料经验收并检测合格，顶塞部位 200 mm 宽，1.2 mm 厚 JS 防水涂料。见图 2.2.6 至 2.2.10。

图 2.2.6  1.2 mm 厚 JS 防水涂料细部

图 2.2.7 1.2 mm 厚 JS 防水涂料完成面

图 2.2.8 200 mm 防水砂浆大面

图 2.2.11 淋水试验

图 2.2.9 JS 防水涂料　　图 2.2.10 JS 防水涂料检测报告

## 四、经济效益

本做法有效解决砌体外墙顶塞处渗漏问题，小珠山大溪谷北美小镇 A2.2 期工程采用此做法，避免了后期渗漏返修，经核算节约维修费用 4.5 万元。

4. 淋水试验：施工完成后 7~10 天进行淋水试验，每次淋时间不少于 30min，淋水试验结束 24h 后组织验收。见图 2.2.11。

# 外墙体施工缝隙处防渗漏创新做法

编写单位：中青建安建设集团有限公司

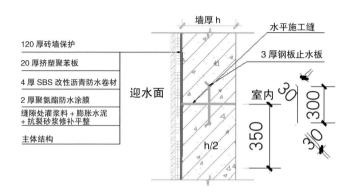

**图 2.3.1 墙体施工缝大样图**

## 一、做法简介及特点

本做法是针对墙体二次浇筑过程中振捣不密实、有夹杂，或者冬天施工、此处有积雪等导致的后续墙体施工缝隙处蜂窝麻面有缝隙导致渗漏问题，做出的解决方案。

做法简介：墙体施工缝先把松动的石子、夹杂物清理干净，通过凿毛和刷界面剂进行界面处理，保证新旧混凝土结合密实，用灌浆料把缝隙填塞密实，然后用水灰比不小于 1：0.1 的膨胀水泥涂刷施工缝隙部位，五天内洒水养护，均匀凝固，然后涂刷聚氨酯防水涂料，最后再做卷材防水，双层防护。

做法特点是：通过本方法可有效避免墙体施工缝隙渗漏，本做法操作简单、应用范围广、成本低、修补效率高。

## 二、工艺原理

本方法通过灌浆料+膨胀水泥后，水泥灰会渗入砂浆的缝隙或者墙体裂缝的缝隙内，利用它的膨胀性，使新旧混凝土结合密实，加上涂刷聚氨酯防水涂料+卷材防水双层防护，保证不渗漏。见图 2.3.1。

## 三、工艺流程及操作要点

1. 墙体施工缝隙处清理松动石子、杂物、凿毛。

2. 刷界面剂进行界面处理。

3. 灌浆料把缝隙填塞密实。

4. 使用滚筒涂刷水灰比不小于 1：0.1 的膨胀水泥。

5. 养护时间不要低于 5 天，这样可以保证施工缝隙处均匀凝固。

6. 在建工程可进行涂刷聚氨酯防水涂料，防水卷材施工。

7. 外墙施工缝处采用中埋式 3 mm 厚钢板止水板，固定牢固；水平施工缝浇筑混凝土前，应将其表面浮浆和杂物清除（冬天施工积雪也要清理干净），然后铺设净浆或刷混凝土界面处理剂、水泥基渗透结晶型防水涂料等材料，再铺 30~50 厚的 1：1 水泥砂浆并应及时浇筑混凝土。见图 2.3.2 至图 2.3.11。

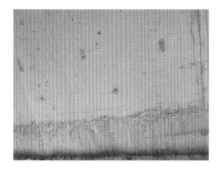

图 2.3.2 施工缝处砼浇筑完成的照片

图 2.3.3 聚氨酯防水施工完成的照片

图 2.3.8 外墙聚氨酯防水施工照片

图 2.3.9 外墙防水卷材施工照片

图 2.3.4 酯防水施工完成的照片

图 2.3.5 防水卷材施工完成的照片

图 2.3.10 外墙防水保护施工照片

图 2.3.11 整个工程效果图

**四、经济效益**

　　只是在施工缝隙处增加 30 cm 宽聚氨酯防水涂料，施工缝隙处平均每米增加 16.65 元，该费用远低于后期出现渗漏再维修所需费用，且不会出现因施工缝隙开裂渗漏而产生其他不必要的经济损失。

图 2.3.6 防水卷材施工完成照片

图 2.3.7 外墙防水保护施工完成照片

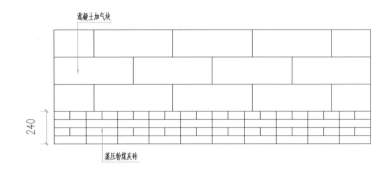

**图 2.4.1 砌体施工立面图**

# 住宅楼外墙大线脚部位防渗漏创新做法
编制单位：中建八局第四建设有限公司

## 一、做法简介及特点

本做法充分利用住宅楼外墙大线脚部位抹灰找坡优势，增加聚氨酯防水施工，减少大线脚部位渗漏。

## 二、工艺原理

在住宅楼外墙大线脚部位，充分利用抹灰优势，进行找坡，然后增加一道聚氨酯防水施工工序，再结合外墙保温施工工艺技术，降低大线脚部位渗漏隐患，保证施工质量。

## 三、工艺流程及操作要点

1. 施工工艺及流程：

砌体施工→外墙抹灰（线脚部位顶部找坡，内外高差 5 cm）→ 1.5mm 厚聚氨酯防水施工→外墙保温施工→外墙涂料施工

2. 操作要点：

（1）砌体施工：

砌筑形式采用全顺式，上下皮竖向灰缝应相互错开；墙砌筑后立即用原砂浆进行勾缝，以弥补灰缝不饱满现象。加气块墙体底部用粉煤灰砖实心砖砌 240 高，采用防水砂浆砌筑。见图 2.4.1、图 2.2.4。

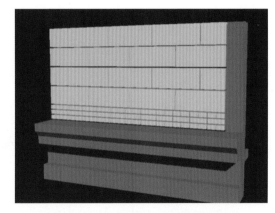

**图 2.4.2 砌体施工 BIM 效果图**

（2）外墙抹灰施工：

抹灰基层处理完好，将墙面浮尘清扫干净，浇水湿润，抹灰施工前，必须针对不同材质的基体之间的缝处，根据要求钉挂宽度不小于 300 mm 的 1.2 mm 镀锌钢丝网。见图 2.4.3、图 2.4.4。

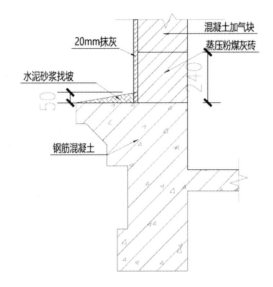

图 2.4.3 线脚部位抹灰剖面图

图 2.4.4 线脚部位抹灰 BIM 效果图

（3）聚氨酯防水施工：

将基层处理干净，分层涂刮聚氨酯防水涂膜，通常分三层涂刮，分层涂刮时应注意用力适度，不漏底、不堆积，每遍涂刷时交替改变涂层的涂刷，聚氨酯防水涂料沿墙上翻 300 mm。

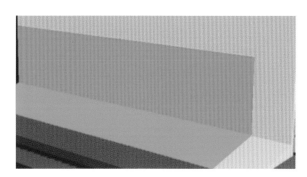

图 2.4.5 线脚部位聚氨酯防水施工

（4）外墙保温施工：

粘贴挤塑板时，板缝应挤紧，相邻板应齐平，施工时控制板间缝隙不得大于 2 mm，板间高差不得大于 1.5 mm。线脚部位以上第一排铆钉距离线脚距离为 300 mm，防止破坏防水。见图 2.4.6 至图 2.4.8。

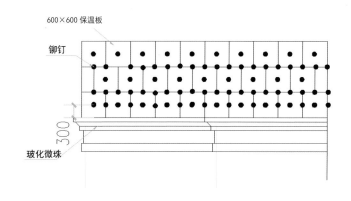

图 2.4.6 线脚部位保温施工立面图

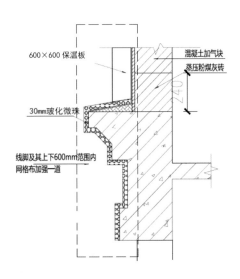

图 2.4.7 线脚部位保温施工剖面图

(5) 玻化微珠施工：首先进行界面剂施工，须要注意界面剂的均匀性；线脚部位玻化微珠施工时，应注意保护聚氨酯防水涂料，防止抹子割破聚氨酯防水涂料。

将大面网格布沿长度、水平方向绷直绷平。不得使网格布褶皱、空鼓、翘边。线脚部位包括线脚上下600 mm范围内外加一层加强网格布，保证施工质量。

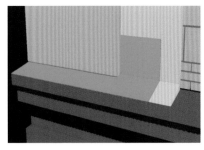

图 2.4.8 保温施工 BIM 图　　图 2.4.9 玻化微珠施工 BIM 图

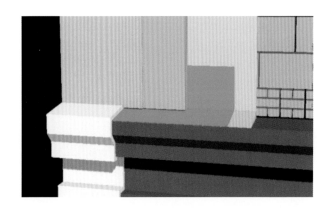

图 2.4.10 涂料施工 BIM 图

## 四、经济效益

1. 社会效益：本做法，旨在减少外墙大线脚位置的渗水隐患，减少因外墙渗漏造成后期维修工程量，减少因外墙渗水造成的居民质量投诉，提高企业施工质量，宣传企业形象。

2. 技术效益：本做法的成功应用，为拟建类似项目提供重要技术参考，具有推广应用价值。

# 第三篇 建筑楼地面防渗漏

# 管道穿楼板封堵防渗漏创新做法
## 编制单位：荣华建设集团有限公司

### 一、做法简介及特点
本做法通过套管封堵专用工具分层封堵方式有效解决了管道套管穿楼板封堵渗漏的问题，已成功应用于青岛理工大学人才公寓工程。

### 二、工艺原理
根据楼板和地面面层厚度确定钢套管的长度，确保管道居套管中心。安装后的套管牢固、定位可靠，管道穿楼板处洞口分层封堵，封堵严密，保证无渗漏。杜绝脚部位渗漏隐患，保证施工质量。见图3.1.1。

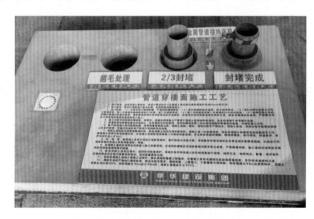

**图3.1.1 管道穿楼板封堵防渗漏施工分层做法展示**

### 三、工艺流程及操作要点
施工准备→洞口预留→洞口凿毛→按图纸准确定位套管位置→孔洞口侧壁浇水湿润→吊洞模具固定→用C20混凝土2/3嵌填封堵→封堵完成→套管周边填塞防火封堵材料。

1. 施工准备：确定楼板及地面面层厚度，切割套管长度须准确无误。见图3.1.2。

**图3.1.2 管道及套管安装封堵材料准备**

2. 洞口预留：套管位置须定位准确。见图3.1.3。

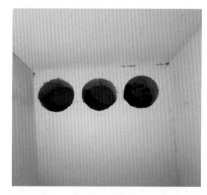

**图3.1.3 管道预留洞口效果图**

3. 洞口凿毛：对预留洞口进行凿毛处理。见图3.1.4。

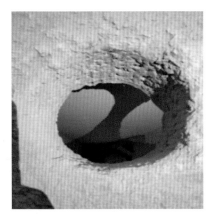

**图 3.1.4 洞口凿毛处理**

4. 按图纸准确定位套管位置。

5. 孔洞口侧壁浇水湿润。

6. 吊洞模具固定。

选准水平钢筋焊接点，钉套管时，须确定竖直钢筋钉入楼板中，牢固、不发生移动。见图 3.1.5 至图 3.1.8。

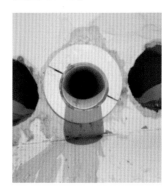 

**图 3.1.5 吊洞模具固定    图 3.1.6 吊洞模具拧紧固定**

**图 3.1.7 套管及管道固定    图 3.1.8 调垂直度**

7. 用 C20 混凝土 2/3 嵌填封堵，管道封堵严密，无渗漏。见图 3.1.9、图 3.1.10。

**图 3.1.9 2/3 封堵做法    图 3.1.10 管道封堵完成**

8. 套管周边填塞防火封堵材料。

**四、经济效益**

本创新做法有效解决了管道套管的渗漏问题，避免了后期返修，节约了返修费用，经济效益显著。我公司承建的青岛理工大学人才公寓工程，套管数量为 6 300 个，采用本做法后，可节约成本 2 万元。

# 管道穿卫生间楼板处两次封堵及挡水台创新做法

## 编制单位：中青建安建设集团有限公司

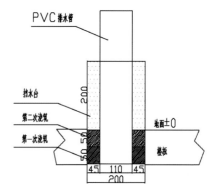

**图 3.2.2 挡水台剖面图**

### 一、做法简介及特点

本施工做法通过两次混凝土浇筑洞口并设置挡水台，有效避免管道周边混凝土浇筑不密实所造成的渗水问题。已成功应用于李沧区北王家上流社区安置房 C-03-02a 号地块项目一标段。

**图 3.2.1 李沧区北王家上流社区安置房 C-03-02a 号地块项目一标段**

### 二、工艺原理

管道穿过楼板洞口处封堵时采用强度提高一级、掺微膨胀剂的细石混凝土分两次浇筑振捣密实，第一次浇筑至楼板厚度的 1/2，达到一定强度后再浇筑至楼板上表面。防水施工时，防水涂料应在管道根部周边涂抹均匀并在管道外表面上返 30 cm。穿过卫生间地面的管道根部设置止水台，保证高出成品地面不少于 20 cm。见图 3.2.2、图 3.2.3。

**管道穿卫生间楼板处两次封堵及挡水台施工**

道穿过楼板洞口处封堵时采用强度提高一级、掺微膨胀剂的细石混凝土分两次浇筑振捣密实，第一次浇筑至楼板厚度的 1/2，达到一定强度后再浇筑至楼板上表面。防水施工时，防水涂料应在管道根部周边涂抹均匀并在管道外表面上返 30 cm。穿过卫生间地面的管道根部设置止水台，保证高出成品地面不少于 20 cm。

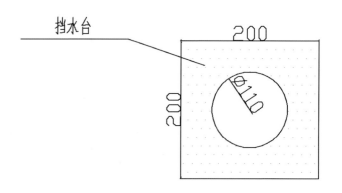

**图 3.2.3 挡水台俯视图**

### 三、工艺流程及操作要点

1. 清理管道洞口底部、内部和周边地面的杂质灰尘。见图 3.2.4。

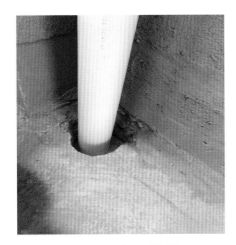

**图 3.2.4 洞口清理**

2. 根据管道规格选用合适的成品吊模器并固定在洞口底部。见图 3.2.5。

**图 3.2.5 洞口吊模**

3. 第一次浇筑至楼板厚度的 1/2 并振捣密实。见图 3.2.6。

**图 3.2.6 一次浇筑**

4. 第二次浇筑至楼板的上表面。见图 3.2.7。

**图 3.2.7 二次浇筑**

5. 卫生间地面防水施工。见图 3.2.8。

图 3.2.8 防水施工（GS）

6. 卫生间地面防水保护层及管道根部挡水台施工。见图 3.2.9、图 3.2.10。

图 3.2.9 挡水台施工

图 3.2.10 挡水台成品

**四、经济效益**

1. 采用传统泡沫板废料吊模浇筑洞口时，人工、材料费合计约 35 元/个。采用成品管道吊模器费用合计约 40 元/个。考虑到成品管道吊模器可周转多次使用，大范围施工时，比传统施工方法费用增加不大，但却可以显著降低工程交付后管道根部渗水的风险，减少后期维修费用以及住户财产损失。

2. 成本分析：

（1）人工费 30 元。

参考价格：瓦工 300 元/天，小工 180 元/天。

吊模费 10 元/个，挡水台模板制作安装 5 元/个，浇筑混凝土 3 遍 15 元/个。

（2）材料费 10 元。

参考价格：细石混凝土 400 元/方。

细石混凝土 0.2×0.2×0.4×400=6.4 元/个。成品吊模器 12 元每个，可以周转使用 5 次算，成本 2.4 元/个。其他辅材 1.2 元/个。

（3）人工费 30 元/个，材料费 10 元/个，合计 40 元/个。

# 铝合金模板卫生间反坎一次性浇筑防渗漏创新做法

编制单位：荣华建设集团有限公司

## 一、做法简介及特点

铝合金模板卫生间反坎与主体结构一次性浇筑成型,并预埋水管压槽,有效减少施工工序、降低二次施工费用,已成功应用于青岛西海岸碧桂园翡翠湾项目,不仅有效节省二次施工时的人工、材料费,也避免了分次浇筑所产生的渗漏风险。

## 二、工艺原理

卫生间反坎钢筋与主体结构钢筋同时安装,提前预埋水管压槽,根据深化图纸确定定位筋及模板安装位置,通过L型角钢背楞以及异形角钢、方通组成的定型化背楞两套加固体系,保证整体性及成型质量。

## 三、工艺流程及操作要点

图纸深化及铝模板生产→铝模板定位、安装→混凝土浇筑与养护→铝模板拆除。

1. 图纸深化及铝模板制作:

（1）铝模板生产加工前,需对施工图纸进行深化,此过程中会将水管压槽等预埋构件一次性深化完成,减少现场安装施工工序,最大限度地发挥铝模板的优势。

（2）严格遵照深化图纸进行铝模板生产,保证进入现场模板尺寸的准确性。见图3.3.1。

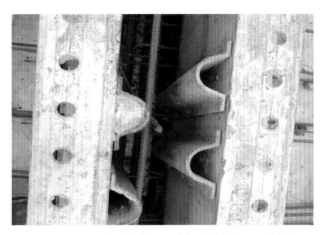

**图3.3.1 深化完成后水管压槽等预埋构件**

2. 铝模板定位、安装:

（1）严格遵照深化图纸确定定位筋以及反坎安装位置,保证两侧模板上下垂直、间距统一、严禁出现大小头现象。见图3.3.2至图3.3.4。

**图3.3.2 定位筋焊接**

图 3.3.3 模板定位安装

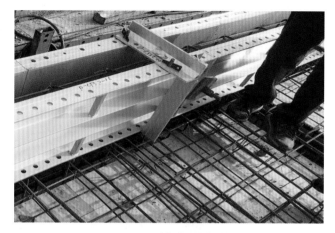

图 3.3.5 L型角钢背楞加固

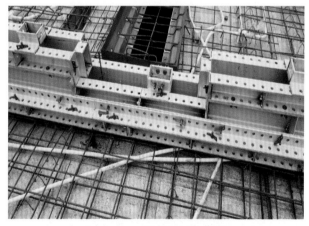

图 3.3.4 模板安装完成

图 3.3.6 定型化背楞二次加固成型　图 3.3.7 定型化背楞二次加固成型

（2）模板经销钉销片固定后，两侧再使用L型角钢背楞进行加固，然后由定型化背楞对四周反坎模板进行二次加固，背楞加固时定位需准确，保证结构整体性，降低偏移风险。

3. 混凝土浇筑与养护：

混凝土浇筑过程中要充分振捣密实，呈现出表面泛浆、外观均匀的特征，要避免振捣过度以造成模板偏移。见图3.3.8。

**图 3.3.8 混凝土浇筑施工**

4. 铝模拆除：

混凝土强度达到设计强度的 75% 时方可进行卫生间反坎铝模板的拆除工作，同时做好混凝土的养护工作，模板拆除完成后做好成品保护，保证反坎的工程质量和成型效果。见图 3.3.9、图 3.3.10。

**图 3.3.9 铝模板拆除**

**图 3.3.10 成型效果图**

**四、经济效益**

本创新做法从结构自防水的根源上解决卫生间渗漏问题，同时也减少了植筋、二次浇筑的凿毛、清理、模板支设等施工工序，经济效益显著。通过计算，我公司承建的青岛西海岸碧桂园翡翠湾项目，节约成本约 45 万元。

# 厨卫房间门口处防渗漏创新做法

### 编制单位：荣华建设集团有限公司

## 一、做法简介及特点

本做法通过聚合物防水砂浆设置止水台施工达到抗渗漏的效果，施工工艺简单，节约成本，有效解决渗漏问题。已成功应用于昌盛公司公共租赁住房项目。见图 3.4.1、图 3.4.2。

图 3.4.1 卫生间平面图　　图 3.4.2 卫生间止水台做法

## 二、工艺原理

通过设置聚合物防水砂浆止水台，进一步加强防水效果，消除了渗水隐患，优化施工工序，避免了后期二次维修。

## 三、工艺流程及操作要点

基层清理→洒水湿润→止水台施工→两道防水涂料→蓄水试验→预留 20 mm 厚装修面层。

1. 基层清理：混凝土基层清理干净，洒水湿润。

**图 3.4.3 基层清理**

2. 施工区域洒水湿润。见图 3.4.4。

**图 3.4.4 洒水湿润**

3. 止水台施工

先在卫生、厨房间门口处放线，之后止水台位置凿毛处理，然后清理干净，支设止水台，止水台模板在门洞口固定侧向模板一道，且下口抬高至距室内精装修完成面 20 mm。见图 3.4.5 至图 3.4.7。

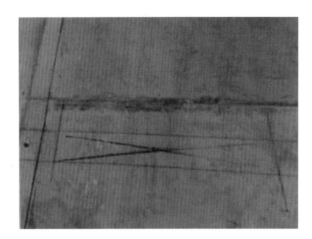

图 3.4.5 放线

图 3.4.7 止水台示意图

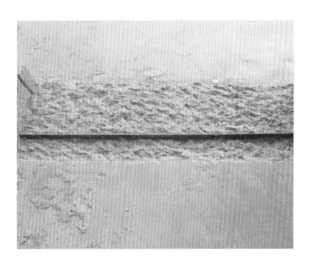

图 3.4.6 止水台支模前进行凿毛处理

防水层在墙根部向上卷起至完成面 300 mm 均匀涂刮，门口两侧防水涂刷 200 mm，正对门侧地面防水涂刷为 500 mm，防水涂刷均匀，无漏刷现象。见图 3.4.8。

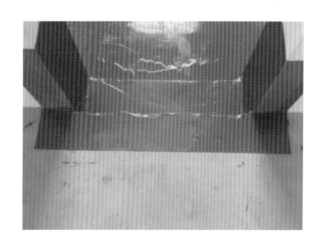

图 3.4.8 防水涂料

5. 蓄水试验：防水施工完毕后进行蓄水试验，蓄水时间 ≥ 24h。见图 3.4.9。

**图 3.4.9 蓄水试验**

6. 预留 20 mm 厚装修大理石面层厚度。见图 3.4.10。

**图 3.4.10 卫生间门口完成效果图**

**四、经济效益**

原施工做法容易出现卫生间入门处渗漏，依据施工经验类似工程 1 000 个卫生间，需维修费用 5 万元；昌盛公司公共租赁住房项目所有厨卫间门口采用本创新做法后，施工质量能够得到较好保证，基本解决渗漏问题，经核算总计节约成本 3.99 万元。

# 卫生间先贴门槛石防渗漏创新做法

编制单位：东亚装饰股份有限公司

## 一、做法简介及特点

本做法通过把卫生间门槛石铺贴工序提前施工，防水后续施工避免了卫生间水汽及明水通过门槛石铺贴层渗漏至卫生间外部，已成功应于李沧信联天地住宅项目，成功地解决了卫生间明水及水汽通过门槛石渗漏至外部，避免对门套、地板、墙面等造成破坏。

## 二、工艺原理

卫生间防水渗漏区域主要在地漏管根位置、卫生间门口部位，此种做法可以保证卫生间防水形成一体，明水、水汽不会通过门槛石铺贴层渗漏至外部，吧避免对门套、墙面、地板等造成破坏。

## 三、工艺流程及操作要点

施工准备→门槛石铺贴、细部处理→防水施工→蓄水验收。

1. 施工准备：门槛石铺贴前基层需清扫干净，不得有浮尘、杂物、明水等，基层提前洒水湿润，注意水量不宜过多。见图 3.5.2。

2. 门槛石铺贴及细部处理（图 3.5.3 至图 3.5.6）：

（1）门槛石铺贴必须用湿贴法，可以用水泥砂浆或瓷砖黏接剂湿贴，根据使用效果瓷砖粘接剂湿贴效果更好。

（2）门槛石铺贴完成后防水涂刷部位需保证边角部位光滑、密实、石材黏接部位无缝隙。

（3）门槛石铺贴完成待黏接层干透，检查无裂纹、边角部位黏接密实无明显空隙时，在进行防水涂刷，防水涂刷厚度须达到 1.5 mm 厚。

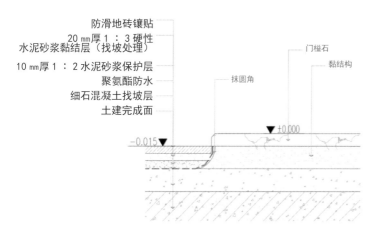

图 3.5.1 门槛石防水做法节点图

图 3.5.2 基层清理、洒水湿润

图 3.5.3 平整度标高检查

图 3.5.4 边角铺贴密实

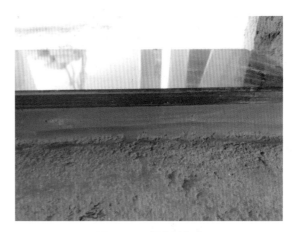

图 3.5.6 细部检查

3. 防水施工（图 3.5.7、图 3.5.8）：

（1）卫生间防水涂刷需符合规范及图纸要求，墙面上返 300，地面防水厚度不低于 1.5 mm 厚。

（2）门槛石处防水涂刷完成后检查有无明显质量问题，边角是否涂刷到位。

图 3.5.5 细部处理

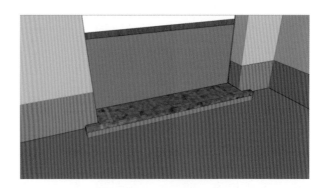

图 3.5.7 重点施工部位

图 3.5.8 细部检查

4. 蓄水验收（图 3.5.9 至 3.5.11）：

防水施工完成待干透后检查无质量问题，进行 24 小时蓄水试验，验收无渗漏后，方可进行防水保护层及面层施工。

图 3.5.11 联合验收

图 3.5.9 防水完成　　图 3.5.10 蓄水试验

**四、经济效益**

1. 单组分聚氨酯防水约 45.1 元 / 平方米，门槛石处基层处理、防水细部涂刷人工费 38 元 / 个，此处面积约 0.25 平方米，造价约 49.275 元 / 个

2. 1.5 mm 厚 JS 防水约 40 元 / 平方米，门槛石处基层处理、防水细部涂刷人工费 38 元 / 个，此处面积约 0.25 平方米，造价约 48 元 / 个。

# 卫生间防渗漏创新做法
## 编制单位：青建集团股份公司

### 一、做法简介及特点

本做法通过增刷卫生间淋浴区墙面等部位防水，解决了卫生间通过墙面渗漏等问题，已成功应用于即墨店子片区改造项目一期（安置区）工程。

### 二、工艺原理

卫生间在主体施工阶段四周墙体设高 200 mm 的素砼防水坎台；排气道及管口周边根部附加防水层，泛水高度 250 mm；门洞口处防水外翻 500 mm，两侧外翻 300 mm；采用 1.5 厚聚氨酯防水涂料（三遍成活）；泛水高度浴盆区 600 mm，淋浴区 1 800 mm，其余 300 mm。

### 三、工艺流程及操作要点

1. 卫生间反坎浇筑（图 3.6.1、图 3.6.2）：

卫生间地面降板 30 mm，四周墙体底部除门洞口外设高 200 mm（从隔墙处梁、结构板面开始算起）素砼挡水坎、宽同墙厚，挡水坎要求与梁板砼一同浇筑；

2. 卫生间地面施工（图 3.6.3、图 3.6.5）：

（1）现浇楼板上部铺设 20 厚挤塑聚苯板，四周除门洞口外放置 50 mm 高，20 mm 厚挤塑聚苯板边条。

（2）浇筑 30 厚（最薄处）C20 细石砼，内配 $\phi$ 3@50 双向钢丝网，并找坡 1% 至排水口。

（3）卫生间做防水前基层清理到位，基层凹陷处用 1∶2.5 水泥砂浆补平，靠墙管根处宜向内抹出 5% 坡度，阴阳角部位做成圆角或倒角，半径不小于 50 mm。穿楼板管道的根部应在隐蔽前封堵好并做闭水试验；

图 3.6.1 卫生间反坎支模板

图 3.6.2 反坎与顶板砼一起浇筑成型

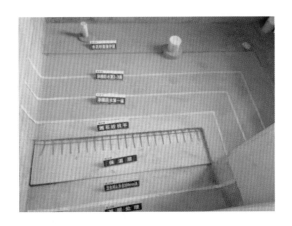

图 3.6.3 卫生间地面做法

图 3.6.5 立管周边应采用防水砂浆封堵密实

3. 卫生间防水施工：

（1）卫生间地面涂刷 1.5 厚聚氨酯防水涂料（三遍成活），排气道及管口周边根部附加防水层（1 厚聚氨酯防水涂料，三遍成活），泛水高度 250 mm；门洞口处防水外翻 500 mm，两侧外翻 300 mm；采用 1.5 厚聚氨酯防水涂料（三变成活）；泛水高度浴盆区 600 mm，淋浴区墙面防水涂刷 1 厚聚氨酯防水涂料，三遍成活，其余 300 mm。见图 3.6.6 至图 3.6.8。

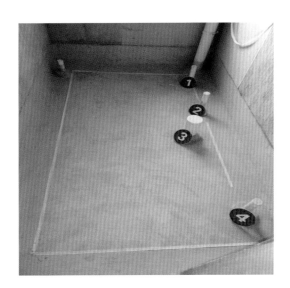

图 3.6.4 卫生间基层平整、无起砂

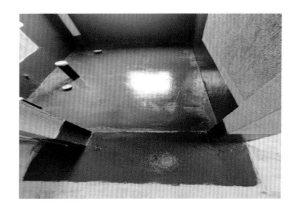

图 3.6.6 防水层在卫生间门口部位应伸出门口墙体外 300 mm

图 3.6.7 卫生间防水涂料施工（1）

图 3.6.8 卫生间防水涂料施工（2）

（2）浇筑 20 厚水泥砂浆保护层。

图 3.6.9 卫生间防水保护层

（3）统一做围水试验，根据围水试验结果填写围水检查纪录。

图 3.6.10 卫生间围水试验

**四、经济效益**

本项目卫生间面积 7 705.71 平方米，综合单价（人工费 + 材料费）55.25 元 / 平方米，共计 425 740.48 元。

# 正置式屋面暗排气管道防渗漏创新做法

编写单位：青岛博海建设集团有限公司

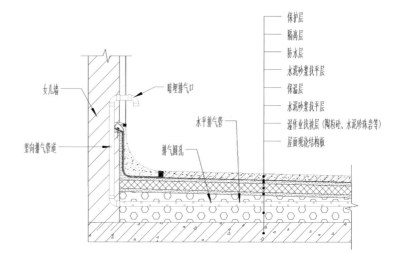

**图 3.7.1 屋面排汽道暗埋排汽口示意图**

## 一、做法简介及特点

本工法将在屋面上均匀设置排气孔，改为通过暗埋于女儿墙或突出屋面结构墙体上的方式，将排气孔设置成隐蔽式，消除排气管根部渗漏隐患，同时减少了屋面障碍物，增加实用性和美观性。已成功应用于丽山国际四期二工程项目。

## 二、工艺原理

屋面暗设排气系统包括敷设于屋面内的多道纵横向水平排气管，构成一个相互连通的排气管网。水平排气管上布设多组排汽圆孔。每道水平排汽管的两端均与一根竖向排汽管相接，竖向排汽管埋设于女儿墙内，上端连接排汽弯头，使管道与大气相通，利用管内外压力差进行排汽。见图 3.7.1。

## 三、施工工艺流程及操作要点

施工前准备→排汽管加工→排汽管槽切割→排汽管网铺设→保温板铺设→找平层施工→防水层施工→防护罩施工。

1. 排汽管加工：

排汽管选用管径为 φ32 mm 的 UPVC 管，沿 UPVC 塑料管全长钻 φ4 @ 50 的透气孔，一圈钻 4 孔，交错钻孔。见图 3.7.2。

2. 切割排汽槽：

找坡层施工完成并达到设计强度后，在屋面周边距女儿墙边线 400 mm 的位置起留置排汽槽，间隔不大于 4 m×4 m，槽宽 50 mm，深 40 mm。见图 3.7.3、图 3.7.4。

**图 3.7.2 UPVC 圆形排气管预留透气孔**

**图 3.7.2 切割排气槽**　　　**图 3.7.3 清理排气槽**

**图 3.7.6 女儿墙排气道敷设**

3. 铺设管道：槽口内清理干净后，把钻好透气孔的 UPVC 塑料管相互黏接成网，形成纵横贯通的排气道，并与墙上预埋的排汽管黏接相连，立管顶端高出防水收口处 300 mm，并弯成 90° 弯头。见图 3.7.5、图 3.7.6。

4. 管道连接：排汽管纵横相交处选用十字四通接头或 T 形三通接头连接，直段连接选用一字形接头连接。见图 3.7.7、图 3.7.8。

**图 3.7.5 屋面排气管网敷设**

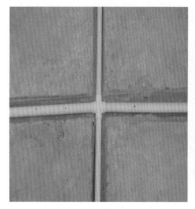

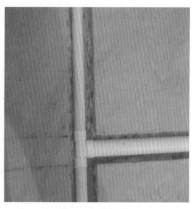

**图 3.7.7 十字接头连接**　　　**图 3.7.8 T 形接头连接**

**图 3.7.9 保温层施工**

5. 保温层施工：管槽缝隙采用清洗过的细石填充，管槽上方用 10 mm 厚保温板覆盖，形成纵横贯通的排气道。见图 3.7.9。

**图 3.7.10 找平层施工**

6. 找平层施工：排汽槽上方保温板施工完毕后，进行水泥砂浆找平层施工。见图 3.7.10。

7. 防护罩施工：在排汽口末端连接直角弯头，开口向下，出汽管口根部应打胶密封。见图 3.7.11。

**图 3.7.11 防护罩施工**

**四、经济效益**

屋面 / 墙面混凝土开槽费用约 82.85 元 / 米（含 PVC 管铺设后面层恢复）；屋面铺设 PVC（含主材及连接管件）约 43.21 元 / 米，故综合单价为 82.85+43.21=126.06 元 / 米。

# 第四篇 建筑地下室防渗漏

# 抗浮锚杆防水节点创新做法

编制单位：中启胶建集团有限公司

## 一、做法简介及特点

本做法是通过将结构防水、卷材防水、其他防水材料等多重防水措施有机结合，利用刚性与柔性防水材料集成效应，并针对防水薄弱环节创新"接缝"防水技术，确保抗浮锚杆节点处防水效果。

## 二、工艺原理

本工艺采用多重防水措施，充分发挥不同防水材料的特性，利用刚性与柔性防水材料集成效应，达到了防水效果；同时，利用各种材料分层合理搭接，加强了防水薄弱环节"接缝"防水技术，有效避免了抗浮锚杆节点渗漏的质量问题。见图4.1.1。

## 三、施工工艺流程及操作要点

湿润清理基面→防水砂浆填充找平→养护→防水卷材施工→聚氨酯防水涂料涂刷→50厚细石砼保护层→20厚防水油膏施工→验收。

1. 锚杆防水基层处理：

对锚杆节点约10 mm深基面及根部钢筋进行清洁处理。见图4.4.2。

2. 防水砂浆填充找平：

采用水泥：砂：金汤不漏剂=1：1：1混合料均匀倒入在湿润的基层表面，抹平压实，并与垫层表面找平。见图4.1.3。

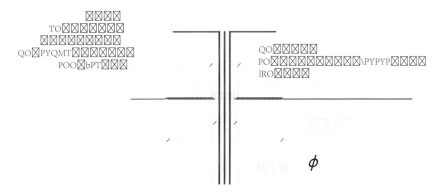

图4.1.1 锚杆节点防水处做法大样图

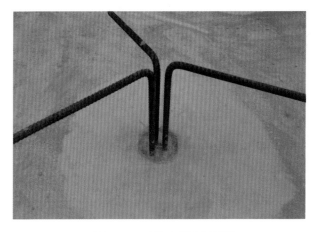

图4.4.2 防水基层处理

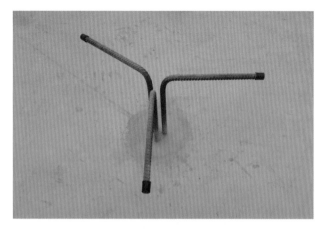

**图 4.1.3 填充水泥基金汤不漏防水砂浆**

3. 防水卷材附加层及防水层施工：

防水附加层卷材绕锚杆主筋外直径 90 mm 圆形施工。见图 4.1.4、图 4.1.5。

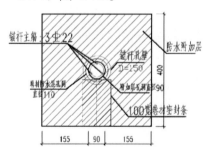

**图 4.1.4 防水附加层做法大样图**　　**图 4.1.5 防水附加层施工**

4. 涂刷聚氨酯防水涂料：

聚氨酯涂刷在锚杆孔直径范围内，厚度 1.0 mm。涂料成膜要求平整，连续，无落刷露底现象。见图 4.1.6。

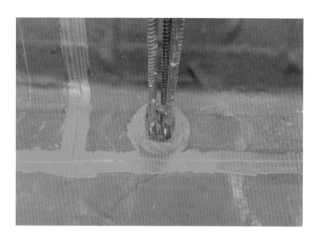

**图 4.1.6 防水层粘贴及聚氨酯涂料涂刷**

5. PVC 套管安装：

在锚杆周边内采用高 60 mm、直径同锚杆的 PVC 套管作为模板。见图 4.1.7 至 4.1.9。

**图 4.1.7 安装 PVC 套管**

**图 4.1.8 PVC 套管内填充固定（1）**

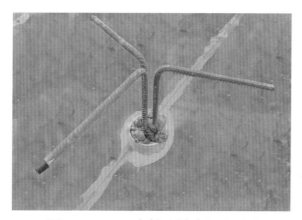

**图 4.1.9 PVC 套管内填充固定（2）**

6. 混凝土保护层浇筑：

所有 PVC 套管安装完成后，浇筑防水保护层，确保安装的套管不发生位移。见图 4.1.10。

**图 4.1.10 防水保护层（混凝土）浇筑**

7. 防水油膏施工：

细石砼达到要求强度后拆除 PVC 套管。拆除 PVC 套管后，采用防水油膏均匀填充锚杆孔，厚度 20 mm。见图 4.1.11。

**图 4.1.11 防水油膏灌注完成效果**

**四、经济效益**

本工艺较传统做法施工简便、施工成本低（综合成本约 23 元 / 个）、工期短，可有效降低工程整体成本，具有更好的效果和广泛的应用前景。

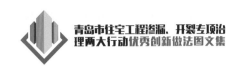
# 阴阳角止水钢板使用场外定型化加工创新做法

编制单位：山东天齐置业集团股份有限公司

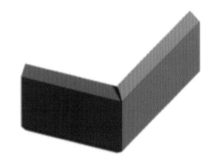

图 4.2.1 阳角止水钢板搭接平面示意图　图 4.2.2 阳角止水钢板设计图

## 一、做法简介及特点

将传统止水钢板在阴阳角处焊接的做法改为定型止水钢板，保证拐角部位不出现焊接接缝。已成功应用于青特地铁花屿城项目，解决了止水钢板在阴阳角处焊接接缝极易出现缝隙造成墙体渗漏的问题，保证了阴阳角部位一次性合格率。

## 二、工艺原理

将竖向构件中止水钢板阴阳角部位设计为定型化止水钢板，该定型化止水钢板通过弯折处理，整体性强不存在焊接接缝。通过定型化止水钢板连接两侧止水钢板。

## 三、施工工艺流程及操作要点

定型止水钢板加工→定型止水钢板安装→止水钢板焊接→止水钢板施工质量验收。

1. 定型化止水钢板加工：

根据止水钢板图纸要求设计阴阳角止水钢板尺寸及样式，工厂化集中加工制作。见图 4.2.1、图 4.2.2。

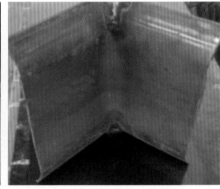

图 4.2.3 定型阳角止水钢板件　　图 4.2.4 定型阴角止水钢板件

2. 定型止水钢板安装：

止水钢板应竖直安装在墙厚的 1/2 处，钢板止水带槽口应朝向迎水面，用附加筋焊接固定在墙筋上。见图 4.2.5。

图 4.2.5 定型阳角止水钢板安装

3. 止水钢板焊接：
两块钢板的搭头长度不小于 50 mm，两端均应满焊。
见图 4.2.6 至图 4.2.8。

图 4.2.6 阴角止水钢板焊接

图 4.2.7 阳角止水钢板焊接

图 4.2.8 阴阳角止水钢板焊接

4. 止水钢板施工质量验收。见图 4.2.9、图 4.2.10。

图 4.2.9 安装完成效果图

图 4.2.10 成型效果图

## 四、经济效益

人工：焊接单价 30 元 / 米，阴阳角制作 25 元 / 个，按照正常住宅推算（30 元 108 米 +25 元 / 个 ×16 个）/108=33.7 元 / 米。材料单价 30 元 / 米。合计成本价格 33.7+30=63.7 元 / 米。

# 混凝土地面水性渗透凝化密封补强创新做法
## 编制单位：中青建安建设集团有限公司

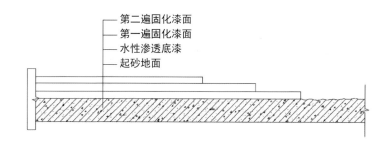

**图 4.3.1 水性渗透凝化分层密封地坪漆膜做法大样图**

## 一、做法简介及特点

本做法利用水性渗透结晶低粘度、低碱性、附着力好的特点，增强混凝土的性能，有效解决混凝土车库地面起砂、开裂的问题。已成功应用于台东邮电局（当代广场）旧城改造项目。

## 二、工艺原理

水性渗透结晶，与混凝土中的硅、钙发生化学反应，形成凝胶，紧缩混凝土的毛孔和裂缝，增强混凝土地面强度；面层凝化漆基层与面层形成封膜，提高地面的抗渗性、抗污染性能。

## 三、施工工艺流程及操作要点

地面基层处理→涂刷水性渗透结晶→底漆养护→涂刷第一遍面层凝漆→漆膜养护→涂刷第二遍面层凝漆→成品养护。

1. 地面基层处理采用水磨石、金刚石软磨机依序研磨地面并清除面层杂物，坑洼处用自流平找平。见图 4.3.2、图 4.3.3。

2. 涂刷水性渗透结晶（图 4.3.4 至图 4.3.8）：

（1）辊筒朝一个方向滚涂，渗透结晶无须加水与稀释剂以增强涂层和基层的附着力。

（2）辊筒蘸取水性渗透结晶时，使涂料完全渗进筒套。涂布必须连续，涂布量以表面刚好饱和为准。

（3）滚涂完毕不得有过多液体留置及漏涂现象。

**图 4.3.2 基层初次打磨处理**

**图 4.3.3 基层二次打磨处理**

图 4.3.4 滚涂水性渗透结晶

图 4.3.5 渗透结晶蘸取

图 4.3.6 补涂渗透结晶

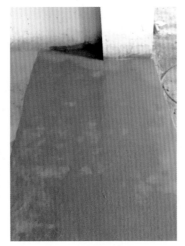
图 4.3.7 渗透结晶完成面

图 4.3.8 渗透结晶静置养护

3. 涂刷第一遍凝漆（图 4.3.9）：

（1）水性结晶放置 10h 后进行第一遍面层的施工，颜色、配合比与样板一致，面漆不能稀释使用，以免造成色差。

（2）辊涂时中途不宜停留，若须中断应涂至分隔线，涂刷过程要快，避免留下层叠或接缝。涂布量以表面饱和、色泽一致为准。

图 4.3.9 涂刷面层凝漆

4. 涂刷第二遍面层凝漆（图4.3.10）：

第一遍漆膜刷完（气温5℃~10℃间隔24h，25℃左右间隔8小时）后，进行第二遍施工。不得有漏涂，要求漆膜色泽一致，表面平整光滑。

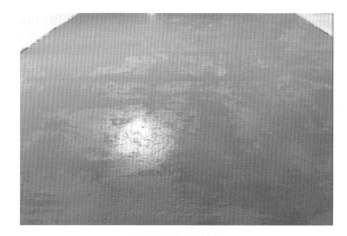

**图11 完成效果**

**图10 滚涂密封漆膜**

5. 成品保护（图4.3.11）：

拉好警戒线，做好保护，不得踩踏，不得有扬尘，静置规定时间后（气温5℃~10℃间隔24h，25℃左右间隔8小时）才能进行下一道工序的施工。

## 四、经济效益

采用混凝土剔除加水磨石地面的做法综合单价51.57元/平方米，而本做法水性密封漆涂刷人工、材料计20元/平方米，地坪研磨人工效率约10.2元/平方米，水磨机租赁费用（含研磨片损耗）0.27元/平方米，综合单价30.47元/平方米，经济效益显著。

采用本做法施工，施工成本低，操作简单，减少工程的人工费和劳动强度，地面保修年限可达到8~10年，有效降低后期维修成本。

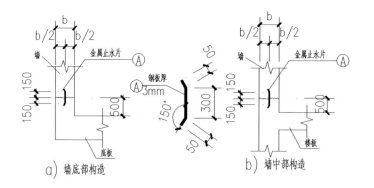

a) 墙底部构造  b) 墙中部构造

# 地下室墙体及后浇带止水钢板预加工创新做法

编制单位：青岛中建联合集团有限公司

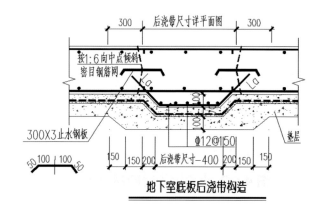

**地下室底板后浇带构造**

## 一、做法简介及特点

本做法通过现场测量下料，将所有的钢板焊接完成后同时就位固定，这样所有的焊口均能保证质量。已成功应用于翡翠天城 B-2 期、上城御府二期项目，较大提高了工人的施工效率和保证了止水钢板的止水效果，同时也减少钢板的损耗量。

## 二、工艺原理

先将节点处定位，通过现场测量下料，将所有的钢板焊接完成后同时就位固定，这样所有的焊口均能保证质量。

## 三、施工工艺流程及操作要点

施工准备→提前加工成品→现场安装、焊接。

1. 施工准备：

根据图纸统计好各节点数量，选用图纸要求尺寸的止水钢板，适合的电焊机、切割机，根据规范、图纸要求等对工人现场交底，先将每个节点加工一个成品。见图 4.4.1。

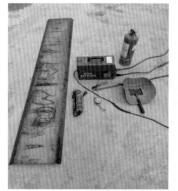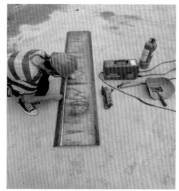

**图 4.4.1 止水钢板预加工材料、机具、现场测量**

2. 止水钢板预加工（图 4.4.2 至图 4.4.5）：

（1）根据规范、图纸要求等，对工人现场交底，先将每个节点加工一个成品。

（2）检查无质量问题后，以此为标准按照施工段统计数量进行加工。

（3）现场施工时，根据施工段内节点数量出库，出库前重新检查一遍焊接质量。

**图 4.4.2 止水钢板竖向拐角节点**

**图 4.4.3 底板与外墙平立面相交节点**

**图 4.4.4 后浇带水平拐角节点**

**图 4.4.5 后浇带垂直交接处节点**

3. 现场安装、焊接质量控制（图 4.4.6 至图 4.4.8）：

（1）钢筋绑扎完成后，将预加工节点焊接件与整体止水钢板焊接后放置相应部位，进行加固。

（2）拐角下料误差不得大于 5 mm

（3）焊缝饱满，不得漏焊，无夹渣；焊缝无沙眼、烧边、咬边现象。

图 4.4.6 地下室外墙止水钢板转角处节点

图 4.4.7 后浇带水平拐角处安装实例

图 4.4.8 底板与外墙平、立相交安装实例

**四、经济效益**

项目针对地下室墙体及后浇带设置的止水钢板现场直接焊接出现的诸多质量问题，集思广益研究出先将每个节点加工成一个成品，将所有的钢板焊接完成后同时就位固定，这样所有的焊口均能保证质量。完全解决了后浇带两块钢板茬接处下面焊口无法焊接、无法检查的问题。并且施工完成后将剩余的短料回收用于加工下一个其余施工段的各种节点。止水钢板单个节点制作费用：

人工费 + 材料费 + 机械费 + 材料损害费 =0.125×380+0.6×40+0.3×40+0.12×71=47.5+24+12+8.5=92 元 / 个

地下室一旦出现渗漏情况，进行注浆堵漏每个点费用约 100 元 / 米，还不包含对墙体的维修费用。综上所述，止水钢板提前预加工做法，一方面是对于人工费用的节约，最重要的是加强的止水钢板的安装质量，大大降低了底板及外墙出现渗漏的风险。

# 第五篇 建筑内外墙防开裂

# 砌体包管防墙面开裂创新做法

## 编制单位：青岛亿联建设集团股份有限公司

### 一、做法简介及特点

通过砌体与水电管线预埋的一次性施工，避免开槽、补槽后造成墙面抹灰层开裂。本做法已经成功应用于东方时尚中心二期项目。

### 二、工艺原理

通过预制块的运用，配合"砌体包管"新工艺和砌体集中加工、集中配送的施工方法可以有效降低墙体抹灰开裂率。

### 三、施工工艺流程及操作要点

1. 工艺流程：

图纸深化→排砖图设计→砌体编号→需要加工的砌体编号→砌体集中加工（预制构件制作）→导管连接→砌筑墙体→灌浆→安装线盒。

2. 操作要点：

（1）图纸深化。一般电气设计施工图纸仅对开关插座等位置进行示意性标注，深化后施工图纸对开关插座等进行精确定位，确保使用美观，降低返工率。

（2）排版图砌体编号。土建项目制定砌体排砖图，对砌体进行编号。见图 5.1.1。

（3）对加工砌体进行编号。水电项目根据土建砌体排砖图，定位需要开孔的砌体进行编号，且形成纸质版定位图纸，加工前进行现场交底。见图 5.1.2。

（4）预制构件制作。见图 5.1.3 至图 5.1.7。

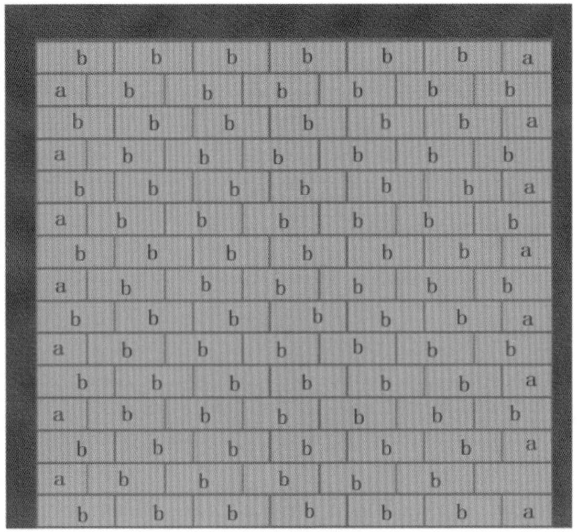

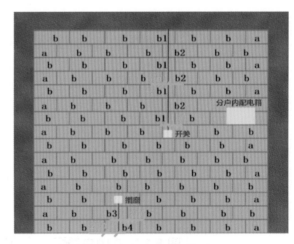

图 5.1.1 排版图砌体编号

图 5.1.2 加工砌体编号

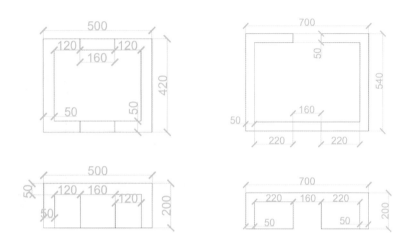

图5.1.3 强电配电箱立面图（一）　图5.1.4 强电配电箱立面图（二）

图5.1.5 户内电箱预制块模板

图5.1.6 户内电箱预制块制作

图5.1.7 户内电箱预制块

（5）砌体集中加工。建立砌体集中加工区，集中加工带有编号的砌体。在砌体集中加工棚内集中开孔，加工棚内通风良好，设置降尘喷雾设施。将加工完成的砌体，集中存放。见图5.1.8。

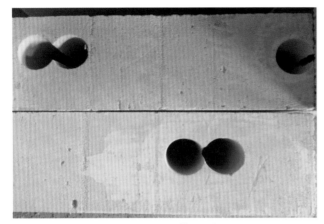

图 5.1.8 砌体开孔

（6）灌浆。地上上翻的线管需电工提前接好，砌筑工人将带有孔洞的砌块放到图纸对应的位置，穿过线管进行砌筑，浇水湿润完成后，孔洞内浇筑 M10 水泥砂浆，振捣密实，管头位置留出，便于后期线盒开孔。见图 5.1.9、图 5.1.10。

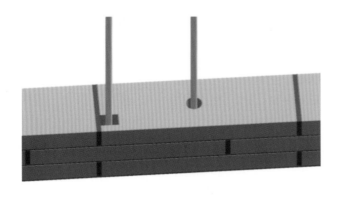

图 5.1.9 BIM 砌体模型

图 5.1.10 孔道灌浆

## 四、经济效益

与原施工工艺相比，采用本技术可节约配砖生产人工费 2 元 / 平方米，砖材料 0.03 元 / 平方米，水电安装人工 0.15 元 / 平方米。

同时，墙面不开槽，减少补槽所需砂浆及抹灰工程中的钢丝网投入，节约材料 0.1 元 / 平方米。

综合：采用砌体包管施工比传统方法节约：2+0.03+0.15+0.1=2.28 元 / 平方米。

# 薄砌块填充墙防裂预开槽创新做法

编制单位：青岛博海建设集团有限公司

**一、做法简介及特点**

薄填充墙（100 mm 厚）通过改进工艺流程，使砌块先切割管槽后砌筑施工，避免了开槽对"薄"墙的扰动及手工开槽深度的难易掌握，极大降低墙体完成后受到的其他外力，可有效避免开裂产生。已成功应用于绿城·理想之城 E-1-4 地块和 A-1-9 地块项目。

**二、工艺原理**

根据管线在填充墙的位置及大小，提前绘制排砖图，批量对不同割槽位置砌块集中割槽，砌筑后形成管线预留槽。管线安装完毕后，管线预留槽使用高标号砂浆进行封堵。

**三、施工工艺流程及操作要点**

绘制排砖图→砌块开槽→墙体砌筑→管线敷设→后续工序施工。

1. 绘制排砖图：

根据相关规范、图集及设计图纸绘制排砖图。见图 5.2.1。

2. 砌块开槽（图 5.2.2 至图 5.2.15）：

（1）参照排砖图对砌块进行预开槽，开槽深度应为预埋管直径加 4~5 mm、宽度比设计宽度每边加大 10 mm，防止砌筑误差影响预埋管线。当开槽深度 1/3 砖厚 < h ≤ 1/2 砖厚时宜在灰缝内配 2 根 φ6 的钢筋，并锚入相邻砌块不少于 200 mm，严禁开槽深度大于 1/2 砖厚。

（2）管槽距洞口距离不应小于 115 mm 且不应小于 2 倍槽宽，每 2 m 长墙体内管槽总宽度不应大于 300 mm，各管槽之间水平距离不应小于 300 mm。

3. 墙体砌筑。根据排砖图砌筑墙体，施工工艺同传统砌筑。

**图 5.2.1 排砖图**

（4）管线敷设。敷好的管线应低于墙面 4 ~ 5 mm，并与墙体卡牢。浇水湿润后填嵌同强度砌筑砂浆，与墙面补平，并敷设钢丝网，其宽度应跨过槽口且每边不小于 50 mm，绷紧钉牢。

现场施工图片：

图 5.2.2 抄平放线

图 5.2.3 线槽定位

图 5.2.8 第一皮开槽砌块上墙

图 5.2.9 第二皮开槽砌块上墙

图 5.2.4 线槽弹线

图 5.2.5 线槽尺寸复核

图 5.2.10 开槽立面效果图

图 5.2.11 开槽剖面效果

图 5.2.6 开槽施工

图 5.2.7 开槽效果

图 5.2.12 砌筑完成正面效果

图 5.2.13 开槽完成侧面效果

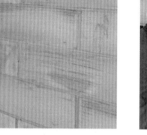

图 5.2.14 线管敷设侧面

图 5.2.15 线管敷设正面

### 四、经济效益

预开槽工艺成本测算如下：综合工日 4.3 元 / 米；材料费 1.2 元 / 米；机械费 1.4 元 / 米；规费税金 0.7 元 / 米。合计成本：7.6 元 / 米。

# 混凝土层间接槎创新做法

编制单位：山东天齐置业集团股份有限公司

## 一、做法简介及特点

本做法是在现浇混凝土结构柱或剪力墙层间接槎采取底部预埋螺栓，使底部模板更加牢固，拆除模板后采用聚氨酯防水涂料处理，已成功应用于青特金地·汇豪观邸 C 地块项目，保证了混凝土的质量，解决了层间渗漏问题的发生。

## 二、工艺原理

结构柱或剪力墙模板支设时在顶部预先预留螺杆，支设上层模板时向下挂加固；加固前下方部位固定分流斜板，最后采用聚氨酯防水涂料处理。

## 三、施工工艺流程及操作要点

预留螺栓孔→模板支设→龙骨固定→设置导流板→接槎处理→防水涂料涂刷。

### 1. 预留螺栓孔

结构柱或剪力墙模板支设时，在下层顶部 200 ~ 300 mm 位置预埋螺栓孔，预埋的螺栓间距宜控制在 500 ~ 800 mm。见图 5.3.1、图 5.3.2。

### 2. 模板支设

下层混凝土浇筑完成及模板拆除后，在下层混凝土顶部接槎位置粘贴 5 mm 厚的海绵胶条。见图 5.3.3。

### 3. 龙骨固定

紧固上层模板时预埋的螺栓处需用木方或钢管做龙骨，次龙骨下落安装于下层顶部预埋的螺栓位置，同结构柱或剪力墙模板一同加固。见图 5.3.4。

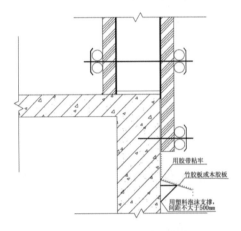

图 5.3.1 层间接槎示意图

图 5.3.2 预埋螺栓孔示意图

图 5.3.3 粘贴海绵条

图 5.3.5 导流板设置

5. 接茬处理。混凝土浇筑、模板拆除后，将海绵胶带用腻子刀清除，局部出现流浆用花锤铲平，将层间接槎清理干净。见图 5.3.6、图 5.3.7。

图 5.3.4 龙骨固定

4. 设置导流板。导流板采用木胶板和木方，在预埋螺栓下方固定，斜板用三合板或木胶板制作，与墙体交接部位用胶带粘牢，固定三合板时沿结构柱或剪力墙墙每 500 mm 设一支撑点，分流斜板与墙体之间角度一般不超过 45°。见图 5.3.5。

图 5.3.6 基层清理

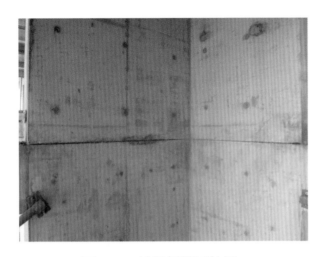

**图 5.3.7 接槎拆模后效果**

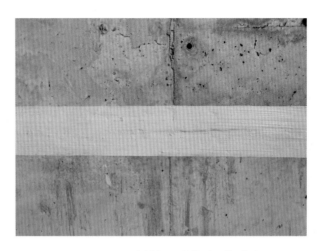

**图 5.3.9 层间第一遍聚氨酯防水**

6. 防水涂料涂刷。最后涂刷两遍 1.5 mm 聚氨酯防水涂料，宽度为 200 mm。见图 5.3.8 至图 5.3.11。

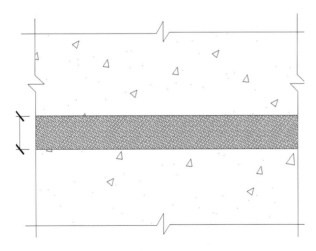

**图 5.3.8 聚氨酯防水 CAD 图**

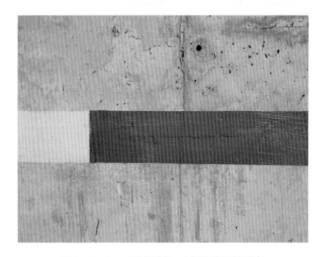

**图 5.3.10 层间第二遍聚氨酯防水**

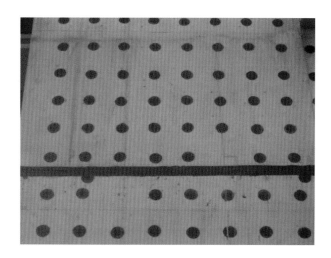

**图 5.3.11 层间聚氨酯防水完成效果**

**四、经济效益**

人工：技工 180 元 / 日，基层清理 100 米 / 工日，防水涂刷一遍 90 米 / 工日，材料费 4 元 / 米，涂刷三遍，螺栓孔 1.5 个 / 米，螺栓孔封堵 1 元 / 个。

合计成本价格：（180÷100 元 / 米 +180×3÷90 元 / 米 +4 元 / 米 +1.5 元 / 米 =13.3 元 / 米。

# 烟道抹灰防开裂挂网创新做法
## 编制单位：青岛建设集团有限公司

### 一、做法简介及特点

厨卫烟道需抹灰时，烟道与墙体交界处往往是抹灰开裂的一大隐患。为防止抹灰开裂，我们通常采用烟道满挂镀锌钢丝网，传统挂网采用钢钉或射钉每隔 200~300 mm 加贴片固定，但是在烟道打钉会破坏烟道导致漏烟，本工艺采用保温挂片进行固定钢丝网片，能够保证不在烟道射钉情况下固定钢丝网片。该做法已成功应用于青岛市城阳区昆仑府项目。施工完成后，未发现抹灰有开裂现象，有效避免交付前抹灰开裂空鼓问题。

### 二、工艺原理

采用万能胶或者保温钉专用胶将挂片粘到烟道及周边墙体上，再将钢丝网挂到挂片上进行固定，保温钉间距同射钉间距一样。

施工准备→清理表面浮尘→粘贴保温挂片→挂镀锌钢丝网→喷浆及养护→墙面抹灰。

1. 烟道安装完成，监理单位对其隐蔽验收合格后，允许抹灰隐蔽。

2. 用小扫把或者毛刷对其挂网区域进行清理，注意挂网区域要求干燥，若用水冲洗需等待干燥后才能进行下一步施工。见图 5.4.1、图 5.4.2。

3. 万能胶盛到容器内，用毛刷在挂片后面均匀的涂刷薄薄一层，将挂片粘到烟道上。见图 5.4.3、图 5.4.4。

4. 24 小时后万能胶凝固，可进行喷浆挂网等后续施工。见图 5.4.5 至图 5.4.10。

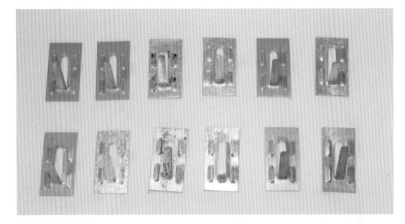

图 5.4.1 保温挂片

图 5.4.2 烟道表面浮尘清理

图 5.4.3 粘贴保温挂片

图 5.4.4 保温挂片粘贴完效果图

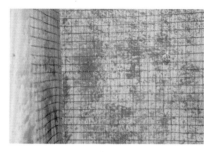

图 5.4.9 甩浆完成后效果图

图 5.4.10 烟道抹灰

图 5.4.5 挂镀锌钢丝网片

图 5.4.6 扳弯挂片钉固定钢丝网片

**四、经济效益**

按照每一户双卫生间单厨房计算，烟道两面满挂网加墙面搭接：2.9(层高)×0.35(面宽)×3(烟道两面加墙面搭接)×5.5(单平方米造价)=16.75 元。

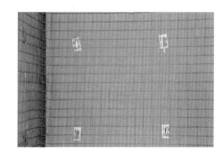

图 5.4.7 挂片挂网效果图

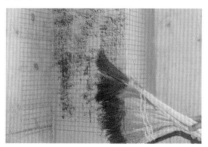

图 5.4.8 用小扫把等工具甩浆

**图 5.5.1 混凝土预制配电箱**　　**图 5.5.2 砌体墙配电箱体一次成型模**

# 砌体墙内配电箱预制块安装防裂创新做法

编制单位：荣华建设集团有限公司

## 一、做法简介及特点

本做法通过预制砌体墙内配电箱预制块有效解决了砌体墙面配电箱处墙面空鼓开裂的问题，已成功应用于龙湖景宸工程。

## 二、工艺原理

预制配电箱预制块可以避免后期开槽封堵，且无需设置过梁，确定好安装标高，将预制配电箱安装在相应位置，无需后期剔凿封堵，减少墙面裂缝风险。

## 三、施工工艺流程及操作要点

施工准备→按加气块及配电箱尺寸制作模板→配电箱体开孔及线管罗接安装→按配电箱尺寸制作固定钢筋笼→箱体放入模板并浇筑混凝土→混凝土养护→配电箱安装位置弹线定位及箱体安装→调整箱体水平及垂直度及箱体固定→配管封堵挂网→验收。见图 5.5.1 至图 5.5.11。

1. 施工准备：标高的确定，根据项目部标高控制线，确定好户内配电箱的安装标高，弹线定位。

2. 按加气块及配电箱尺寸制作模板：模板尺寸应和配电箱匹配。

3. 配电箱体开孔及线管罗接安装：应提前预留配管，混凝土应养护到位；安装高度要准确，达到横平竖直的标准。必须套罗接，多管并列时管中心之间要有 2 cm 以上间距。

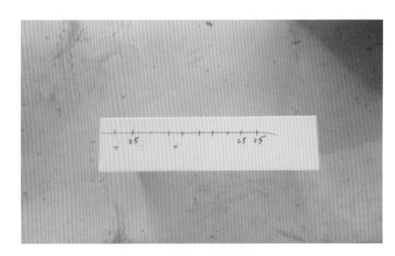

**图 5.5.3 箱体进出线管定位**

4.按配电箱尺寸制作固定钢筋笼：
钢筋笼应固定牢固。

5.箱体放入模板并浇筑混凝土。

6.混凝土养护。

7.配电箱安装位置弹线定位及箱体安装：弹线定位配电箱安装位置，调整箱体水平及垂直度，箱体固定牢固。

8.调整箱体水平及垂直度及箱体固定。

9.配管封堵挂网。

图 5.5.7 箱体与混凝土成一体

图 5.5.4 配电箱体附件安装

图 5.5.5 预制模具内放置配电箱

图 5.5.6 预制模具内放置配电箱及钢筋笼

图 5.5.8 安装完成效果图

图 5.5.9 箱体安装后侧效果图

图 5.5.10 封堵严密　　　　图 5.5.11 挂防裂网

## 四、经济效益

本做法较传统做法，可以免去制作过梁、配电箱预留洞口封堵及挂网抹灰费用，且能有效防止墙面空鼓、开裂，避免返修。龙湖景宸工程，户内配电箱 1 288 个，采用本做法，经核算可节约成本 2 万元。

# 石膏砂浆抹灰防裂施工创新做法
编制单位：中启胶建集团有限公司

## 一、做法简介及特点

本做法通过粉刷石膏水化形成晶体，晶体水分被墙体吸收后凝结，使粉刷面层有效地与墙体基层黏结在一起，不易产生空鼓开裂，解决了传统抹灰材料干缩大、黏结力差，易龟裂空鼓等弊病。

## 二、工艺原理

粉刷石膏具有较强保水性，为粉刷石膏的水化提供时间，粉刷石膏水化生成二水石膏晶体，晶体水分被墙体吸收后凝结，从而产生较高强度，加气混凝土墙体收缩率一般控制在 $0.4 \times 10^{-3} \sim 0.6 \times 10^{-3}$；而粉刷石膏的抹灰层收缩率 ≤ 0.6‰，（一般水泥砂浆粉刷层收缩率 ≤ 3‰），其收缩率相对偏近，不易产生空鼓开裂。

## 三、施工工艺流程及操作要点

清理基层→抗裂砂浆找平→拉毛→冲筋→粉刷石膏→批刮腻子。

1. 清理基层：将螺栓孔中间用发泡胶填充密实，两端防水砂浆封堵，用喷枪加钢板刷冲洗墙面泥块等杂物。见图 5.6.1、图 5.6.2。

2. 抗裂砂浆找平：对不同材质交接、错台部位用抗裂砂浆进行找平、压实，挂钢丝网。见图 5.6.3、图 5.6.4。

3. 拉毛：拉毛材料采用专用界面砂浆，保证毛刺长度均匀，无空鼓、断裂等。见图 5.6.5。

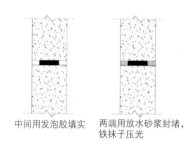
中间用发泡胶填实

两端用放水砂浆封堵，铁抹子压光

图 5.6.1 螺栓孔缝补示意图　　图 5.6.2 封堵后基层清理

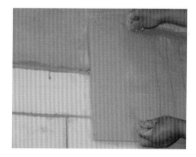

图 5.6.3 不同材质交接找平挂网　　图 5.6.4 不同材质交接错台找平图

图 5.6.5 专用界面剂拉毛处理图

4.冲筋：将粉刷石膏加少量高强石膏进行冲筋。见图5.6.6、图5.6.7。

图5.6.6 加少量高强石膏冲筋图　　图5.6.7 加少量高强石膏冲筋图

5.粉刷石膏：玻纤网与粉刷石膏压实，无褶皱、翘边，超过两厘米需分层满挂两道玻纤网。分层时，须上道粉刷石膏表面初凝后再进行下一道批刮及玻纤网铺设。见图5.6.8至图5.6.10。

图5.6.8 粉刷石膏图　　　　　　图5.6.9 粉刷石膏图

图5.6.10 阴角使用角刨修整

6.批刮腻子：耐水腻子批刮前须先打磨粉刷石膏，筋面用砂纸打磨平整，批刮腻子时必须使用铝合金靠尺，收压找平。见图5.6.11。

图5.6.11 披乱腻子

**四、经济效益**

本做法材料费20元/平方米，人工费16元/平方米，机械费9元/平方米。综合成本合计45元/平方米。

# 免开槽免抹灰预制混凝土过梁创新做法

编制单位：青岛博海建设集团有限公司

## 一、做法简介及特点

本做法通过在过梁中部预留管线槽，避免了安装线管时的二次加工开槽，已成功应用于萃英花园项目，不仅解决了过梁开槽造成的结构破坏及产生垃圾问题，也解决了过梁抹灰厚度过大造成开裂等问题。

## 二、工艺原理

根据管线参数，选用合适的方木预埋，拆除后形成线槽。具备条件后，对砌墙进行剔凿切割安装电箱及管线，过梁内部管线预留槽使用高标号砂浆进行封堵。

## 三、施工工艺流程及操作要点

施工准备→过梁制作→拆模、安装过梁→布线补槽。

1. 施工准备：

根据过梁尺寸，计算管线位置及大小，选用合适的方木、钢筋、垫块。使用胶带裹缠方木便于后期拆除。见图 5.7.1、图 5.7.2。

图 5.7.1 制作方木胶带裹缠

图 5.7.2 选择合适垫块

2. 过梁制作（图 5.7.3 至图 5.7.7）：

（1）模板清理干净，严格控制尺寸，并加固牢靠。过梁钢筋规格、数量等符合规范要求。

（2）方木尺寸定位准确，自检合格后和监理员共同验收，浇筑砼。

（3）使用高于设计强度的砼浇筑异型过梁，人工振捣，严禁漏振，表面用木抹子拍实、搓平。

图 5.7.3 安装垫块、固定方木

图 5.7.4 浇筑前校核

图 5.7.5 混凝土浇筑

图 5.7.6 混凝土振捣

图 5.7.7 过梁混凝土收面

3. 拆模、安装过梁：

（1）浇筑完成后，待达到强度后方可拆除模板，并做好养护，并对拆除模板及方木进行清理。见图5.7.8、图5.7.9。

图 5.7.8 拆模

图 5.7.9 检查成型质量

（2）检查拆模后的预制砼块有无缺棱掉角；要求：截面尺寸偏差 + 15 mm、 – 10 mm；表面平整度偏差 4 mm。

（3）安装预制过梁后，对预留位置进行复核。见图5.7.10、图5.7.11。

图 5.7.10 校核电箱位置及平整度

图 5.7.11 过梁安装完毕

**四、经济效益**

以制作 1.35 mm×0.2 mm×0.12 mm 型号中间留槽 0.85 mm×0.5 mm×0.2 mm 的 1 个过梁为例：材料费约 36.75 元，其中混凝土 C25 细石 0.03m³12.45 元，模板展开面积 0.642m³ 约 33 元可周转至少十次按 3.3 元计，C14 的钢筋 3 根 21 元，4 人工费 17 元一个，合计总额为 53.75 元 / 个。相较于其他过梁制作方法，比现浇过梁节约 34 元，比普通预制过梁节约 12 元。

4. 布线补槽：

砌体塞顶 14 天后可对砌墙进行剔凿切割安装箱体及管线，并用高标号砂浆封堵。见图 5.7.12 至 5.7.14。

图 5.7.12 安装电箱

图 5.7.13 线管铺设

图 5.7.14 墙体线槽封堵

# 分段嵌入式预制混凝土压顶创新做法

编制单位：青岛博海建设集团有限公司

## 一、做法简介及特点

本做法通过将窗台压顶的入墙端提前大批量预制，避免了墙体砌筑在门窗洞口处的工艺间歇，已成功应用于名城府邸项目，不仅解决了窗台压顶砼浇筑不实、不到位，同时也解决了窗台上部墙体易产生竖向裂缝等问题。

## 二、工艺原理

在墙体砌筑施工前，将窗台压顶入墙部分制作成预制块，在墙体砌筑至压顶标高时，直接将预制块砌入墙内，待整面墙体砌筑完毕并沉降稳定后，对剩余压顶部分进行钢筋绑扎、支模、浇筑施工。见图 5.8.1。

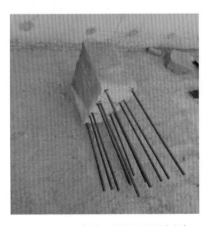

图 5.8.1 嵌入式压顶预制块

## 三、施工工艺流程及操作要点

施工准备→压顶块预制→压顶块砌筑上墙→压顶现浇部分施工。

1. 施工准备：

根据图纸确定压顶预制块尺寸，根据压顶预制块大小选用合适的方木、模板加工模具。选择地势平整的地面做压顶块的预制场地，预制场地安放模具位置铺设薄膜。见图 5.8.2、图 5.8.3。

图 5.8.2 材料准备　　　　图 5.8.3 材料准备

2.压顶块预制（图5.8.4至图5.8.11）：
（1）模板清理干净，严格控制尺寸，并加固牢靠。
（2）混凝土浇筑细致振捣，插筋规格、预留尺寸等符合规范要求。
（3）模具拆模、预制块码放待运。

**图5.8.4 模具打框**

**图5.8.5 小挡板支设**

**图5.8.6 模具完成**

**图5.8.7 模具尺寸复核**

**图5.8.8 混凝土浇筑振捣**

**图5.8.9 预留钢筋**

**图5.8.10 预制块拆模**

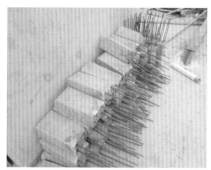

**图5.8.11 预制块码放**

3.压顶块砌筑上墙（图5.8.12、图5.8.13）：
嵌入式压顶入墙端的砌筑，注意控制压顶预制块标高和位置。

**图5.8.12 预制块上墙**

**图5.8.13 预制块上墙**

4.压顶现浇部分施工（图5.8.14至图5.8.20）：
嵌入式入墙端混凝土接茬凿毛，压顶钢筋搭接绑扎，压顶模板支设，注意模板上标高，控制好留洞尺寸，压顶混凝土浇筑，洒水养护、覆盖薄膜。

图 5.8.14 凿毛、钢筋修正　　　图 5.8.15 清理

图 5.8.16 钢筋连接、绑扎

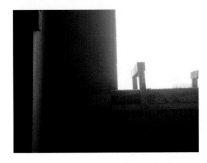

图 5.8.17 压顶模板支设　　　图 5.8.18 混凝土浇筑养护

图 5.8.19 洒水养护　　　　　图 5.8.20 压顶成型效果

**四、经济效益**

嵌入式混凝土压顶，入墙端尺寸为：长 × 宽 × 高 400 mm× 200 mm×150 mm。混凝土强度为 C20，钢筋为 4 根直径 10 的螺纹钢。单个压顶成本测算数据 = 材料费 + 人工费 + 相应措施费 =16.5+5+5=26.5 元。本项目成本测算 = 项目总使用数量 × 单个测算数据 =8 463×26.5=224 269.5 元。

# 剪力墙、填充墙交接处企口法防裂创新做法

编制单位：青岛海发置业有限公司

## 一、做法简介及特点

本做法通过模板预先留设企口，省去了剪力墙面层抹灰，采用企口法与原有的拉结筋抗裂措施、钢丝网防裂措施、贴缝带防裂措施以及施工防裂措施相结合，大大提高了填充墙砌体与剪力墙交接处的抗裂能力。

## 二、工艺原理

通过预先留设企口，使剪力墙与填充墙交接处的抹灰有一过渡距离。填充墙与剪力墙交接处的内部接缝和抹灰层与剪力墙交接处的表面接缝错开，且留设企口后可被延伸过来的抹灰层有效包裹。

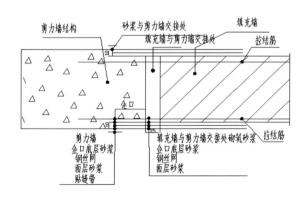

图 5.9.1 企口防裂原理图

## 三、施工工艺流程及操作要点

钉企口板、合模→混凝土成型→企口基层处理→基层喷浆、铺设钢丝网→抹面层砂浆。

1. 钉企口板：把提前加工好的竹胶板条用铁钉依据弹线钉在模板上，然后随主体模板合模。见图 5.9.2、图 5.9.3。

图 5.9.2 钉企口板及模板合模　图 5.9.3 钉企口板及模板合模

2. 混凝土成型。见图 5.9.4。

图 5.9.4 剪力墙端部预留企口

3. 企口基层处理：用钢丝刷将企口表面的混凝土渣子、杂物清理干净。见图 5.9.5、图 5.9.6。

**图 5.9.5 企口基层处理图**

**图 5.9.6 砌体完成、企口基层处理**

4. 基层喷浆、铺设钢丝网：将填充墙连同企口喷射水泥砂浆，钢丝网横向从企口处开始铺设，不同材质抹灰搭接宽度不小于 100 mm，竖向沿接缝全长铺设。见图 5.9.7、图 5.9.8。

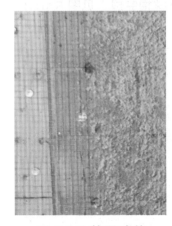

**图 5.9.7 基层喷浆**

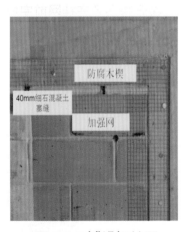

**图 5.9.8 铺设钢丝网**

为了防止抹灰层与剪力墙交接处出现裂缝，沿接缝贴一条自粘型填缝带，与基层结合牢固。墙面刮腻子时将接缝带覆盖。见图 5.9.9 至图 5.9.11。

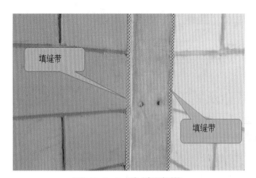

**图 5.9.9 贴填缝带**

**图 5.9.10 抹灰完成**

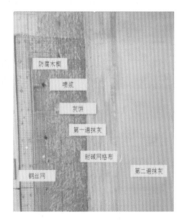

**图 5.9.11 企口法防开裂样板墙**

## 四、经济效益

本做法模板材料 30 元 / 平方米，网格布 1.5 元 / 平方米，抹灰砂浆 16 元 / 平方米；模板人工费 45 元 / 平方米，网格布及抹灰 18 元 / 平方米。合计 110.5 元 / 平方米。节省剪力墙抹灰费用 36.5 元 / 平方米。

# 填充墙满挂钢丝网防开裂创新做法

编制单位：中青建安建设集团有限公司

## 一、做法简介及特点

本做法是通过在楼内填充墙位置均满挂钢丝网，防止因加气混凝土砌块自身的不稳定性引起后期抹灰施工开裂问题，已成功应用于平度御园新城一期项目。此做法相比后期墙面出现开裂再维修既简单方便，也节省费用，还能有效解决后期业主收房后因墙体开裂而进行投诉，不仅保证了工程质量，也使业主对住房质量满意度大大提高。

## 二、工艺原理

填充墙完成塞顶 14 天后，对砌墙进行切割剔凿安装布设管线，管线开槽使用高标号砂浆进行封堵，然后开始在填充墙区域满挂钢丝网。钢丝网自身强度可以有效抵消填充墙的收缩应力，控制抹灰层开裂。见图 5.10.1、图 5.10.2。

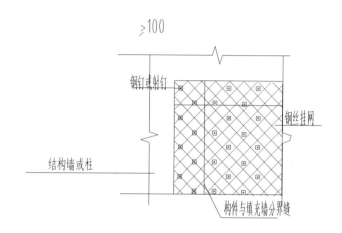

图 5.10.2 填充墙满挂钢丝网大样图

## 三、施工工艺流程及操作要点

1. 挂网前应先堵好架眼和孔洞，封堵应由专人负责施工，施工、监理单位应对孔洞封堵的质量进行专项验收，同时安装开槽必须在挂网前完成，并抹槽完成。见图 5.10.3。

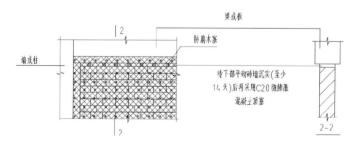

图 5.10.1 填充墙满挂钢丝网大样图

图 5.10.3 孔洞、线槽等补槽大样图

2. 基层墙体必须要清理干净，割除外露的钢筋头、剔凿凸出的混凝土块；构造柱马牙槎放置漏浆粘贴的双面胶要铲除，砌体墙面清扫灰尘，清除墙面浮浆、凸出的砂浆块。见图 5.10.4、图 5.10.5。

**图 5.10.4 凸出结构剔凿**

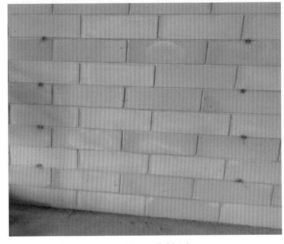

**图 5.10.5 基层墙体清理**

3. 挂网时一定要平整，不得出现明显褶皱，钢丝网采用固定铁片的方式与墙体钉牢，双向间距 250 mm。见图 5.10.6、图 5.10.7。

**图 5.10.6 满挂防裂钢丝施工图**

**图 5.10.7 钢丝网完成图**

4. 喷浆采用机械进行水泥砂浆喷浆，喷点应均匀，喷浆后养护至水泥砂浆全部粘到基层面上，甩浆后要及时浇水养护，使其保持较强高度。见图 5.10.8 至图 5.10.10。

图 5.10.10 抹灰完成效果检查

图 5.10.8 机械喷浆完成图

## 四、经济效益

1. 经济效益：同比只是在不同基底材料交界处、剔槽部位、临时洞口两侧、表箱背面钉挂钢丝网，填充墙满挂钢丝网每平米只增加 7 元，该费用远低于后期出现开裂再维修所需费用，且不会出现因抹灰开裂产生其他不必要的经济损失。

2. 社会效益：填充墙满挂钢丝网施工做法，有效控制了墙体开裂问题，大大减少了用户投诉，提高了工程质量及业主对住房质量满意度。

图 5.10.9 抹灰完成图

# 预制墙板凹槽处理防开裂节点创新做法
编制单位：青建集团股份公司

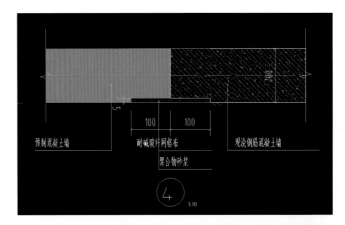

**图 5.11.1 预制外墙接缝凹槽留置图纸深化**

## 一、做法简介及特点

预制外墙与现浇混凝土墙虽使用相同强度混凝土，但由于浇筑时间不同，在墙体接缝位置抹灰后可能会出现裂缝情况，为避免此类开裂隐患，通过图纸优化，结合现场具体情况，项目部制定了预制墙板凹槽处理防开裂标准做法。

## 二、工艺原理

通过图纸优化，在预制墙内侧接缝处留置深 5 mm、宽 100 mm 的凹槽，现浇墙体接缝处留置相同凹槽，后期凹槽使用聚合物砂浆（压入耐碱玻纤网格布）抹平，作为装饰面层补强处理，后按设计做法进行装饰施工。

## 三、工艺流程及操作要点

1. 图纸深化→预制墙体凹槽留置→现浇模板支设→现浇墙体基层处理→5 厚聚合物砂浆抹平（压入耐碱玻纤网格布）→内墙装修做法→清理验收。

2. 操作要点：

（1）预制外墙接缝凹槽留置图纸深化。见图 5.11.1。

（2）预制墙体凹槽留置。见图 5.11.2、图 5.11.3。

**图 5.11.2 预制墙体凹槽留置 1　图 5.11.3 预制墙体凹槽留置 2**

（3）现浇模板支设。见图 5.11.4 至图 5.11.11。

图 5.11.4 现浇模板支设 1　　　图 5.11.5 现浇模板支设 2

图 5.11.8 凹槽补平 1　　　图 5.11.9 凹槽补平 2

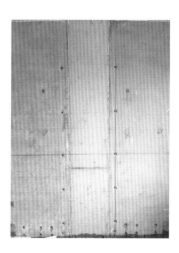 

图 5.11.6 现浇墙体基层清理 1　　　图 5.11.7 现浇墙体基层清理 2

图 5.11.10 装修成型 1　　　图 5.11.11 装修成型 2

**四、经济效益**

　　该做法单价 22.8 元 / 平方米（人工费 + 材料费），应用案例该部位 1.2 平方米，造价 22.8 元 / 平方米 ×1.2 平方米 =27.36 元。预制构件凹槽预留包含在构件综合单价中，在此未做成本分析。

# 第六篇 建筑楼地面防开裂

# 金刚砂耐磨地面防裂缝创新做法

编制单位：荣华建设集团有限公司

## 一、做法简介及特点

本做法通过合理设置金刚砂地面界格缝，加强施工过程质量控制，有效降低因混凝土收缩产生的收缩裂缝，已成功应用于青岛市西海岸新区海韵新都 2#、3# 楼及地下室工程，不仅提高了金刚砂地面的耐久性，而且观感优良。

## 二、工艺原理

车库金刚砂耐磨地面施工，合理设置界格缝，根据界格缝位置预制钢筋网片，提高金刚砂耐磨材料压光质量，控制混凝土塌落度，及时进行养护，减少因混凝土收缩而产生的裂缝。见图 6.1.1。

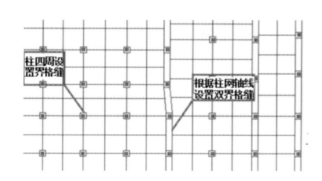

图 6.1.1 车库地面界格缝设置图

## 三、施工工艺流程及操作要点

合理规划界格缝→弹面层水平控制线、基层处理→浇筑混凝土→铺压钢筋网片→表面撒金刚砂、压平抹光→混凝土养护→界格缝切割。

1. 合理规划界格缝：

根据后期实际使用功能及结构特点，在不同位置合理设置界格缝。

（1）依据柱网轴线位置，因结构柱位置不在同一轴线，在沿柱周边 300 mm 设界格缝，界格缝平行于柱边，沿柱距通长切割。见图 6.1.2。

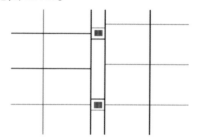

图 6.1.2 双界格缝设置图

（2）沿柱周边 300 mm 设界格缝，与基础设置形式相同，柱四周界格缝切割必须交圈，纵横向切割缝交点必须切割到位。见图 6.1.3。

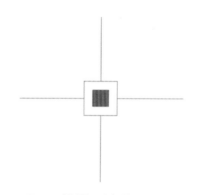

图 2 柱界隔缝设置图

（3）根据界隔缝位置，按实际尺寸加工 Φ4@200 单层双向钢筋网片。见图 6.1.4。

图6.1.4 检查钢筋网尺寸

2. 弹面层水平控制线、基层处理：

（1）弹控制线：车库内墙面上弹好 +100 cm 水平线，独立柱上弹好 +100 cm 水平线并做好复查工作。

（2）基层清理：车库地面基层的垃圾清理干净，地面检查确保无渗漏。

3. 浇筑混凝土：

浇筑混凝土时严格控制塌落度在 120~140 mm，塌落度过大容易引起混凝土裂缝。

4. 钢筋网片放置：

严格控制钢筋网片位置，在浇筑时将钢筋网片放置于混凝土表面，放置时注意预留出界格缝位置，人工按压钢筋网片至面层的中上部，使用激光水准仪严格控制钢筋高度。见图 6.1.5、图 6.1.6。

图 6.1.5 控制钢筋网片位置　图 6.1.6 钢筋网片位置及标高检查

5. 表面撒金刚砂、压平抹光：

在混凝土初凝时，将金刚砂分二次均匀撒布在混凝土表面（5kg/㎡），进行提浆压光。见图 6.1.7、图 6.1.8。

图 6.1.7 金刚砂地面局部修整　图 6.1.8 金刚砂地面提浆压平

6. 混凝土养护：

金刚砂地面完成 5~6 小时后，及时进行养护，后期采用毛毡覆盖养护，养护期不小于 7 天。

7. 界格缝切割：

过早切割混凝土强度较低容易造成缝边毛糙，影响观感。在金刚砂耐磨材料完成后，混凝土强度达到设计强度的 25% 时开始割缝，使用混凝土割缝机，割缝宽度 6 mm，深度为地表面向下 50~60 mm。见图 6.1.9 至图 6.1.10。

## 四、经济效益

根据以往经验，车库地面返修费用：每平方米返修需投入的人工费为 4.07 元，材料费为 1.63 元。青岛市西海岸新区海韵新都 2#、3# 楼及地下室工程地面面积为 23 000 ㎡，应用本做法后，避免了地面返修，最终核算可节约成本为 13.11 万元。

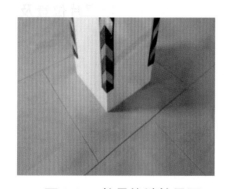 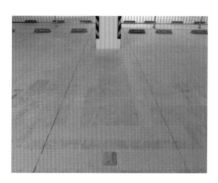

图 6.1.9 柱界格缝效果图　　图 6.1.10 双界格缝效果图

图 6.1.11 车库地面整体效果图

# 车库大面积地坪激光整平机跳仓创新做法

编制单位：中建八局第四建设有限公司

## 一、做法简介及特点

本做法实现了宽度 6~9 m，长度不超过 54 m 的单次浇筑窄条地面分仓分次施工，避免大面积砼应力产生裂缝。通过激光整平机施工方法，有效地避免了因施工整平方法不当导致地坪平整度超差。

## 二、工艺原理

确定分仓大小，安装并调平分仓模板；按给定的地坪标高设置激光发射器，并安装好整平机的激光接收。将砼按序卸入场内，铺平振捣完成的砼用大型激光整平机进行整平。见图 6.2.1。

图 6.2.1 激光整平机准备

## 三、施工工艺流程及操作要点

1、工艺流程：

钢筋网片绑扎→模板设置→大面积砼地面调仓施工→激光整平机整平→磨光作业→卸模作业→填仓砼浇筑→压光养护。

2、操作要点：

（1）钢筋网片绑扎：

在基层上绑扎直径 $\phi$ 12@200 双层双向钢筋网片，距柱基础 60 与柱子成 45° 方向设附加钢筋。见图 6.2.2。

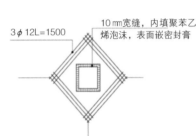

图 6.2.2 柱钢筋网片示意图

（2）模板设置：

模板主材选用了 50×50×6 高精度镀锌角钢，并配置可调节的丝杆套件，保证模板在同一平面。见图 6.2.3 至图 6.2.5。

图 6.2.3 镀锌角钢

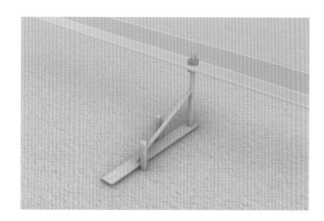

图 6.2.4 可调节模板支座

图 6.2.6 砼振捣找平

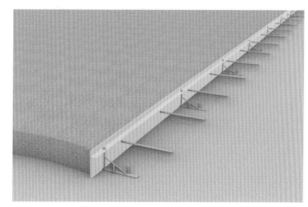

图 6.2.5 模板设置完成

（4）激光整平机整平：

利用激光整平机对砼进行激光整平作业，按地坪标高设置激光发射器，并安装好整平机的激光接收器；并在激光整平过程中复检完成作业面的标高。见图 6.2.7。

（3）大面积砼地面施工：

横向按 9 m 宽，纵向按 24 m 宽进行分仓。再隔 9 m 支模形成第二分仓，两分仓间隔部分称之为填仓。待两分仓砼具有一定强度（50%）后，再浇筑填仓，周而复始完成整个地面砼的施工。见图 6.2.6。

图 6.2.7 激光整平机整平

（5）磨光作业：

机械提浆：加装圆盘的机械将砼表面的浮浆去除，视砼的硬化情况，再进行至少两次机械圆盘提浆。见图6.2.8。

**图 6.2.8 单盘机械提浆**

磨光作业：使用MQ双盘驾驶式磨光机最终完成收光，机磨直至平整度及光滑度达到要求。见图6.2.9、图6.2.10。

**图 6.2.9 磨光作业**

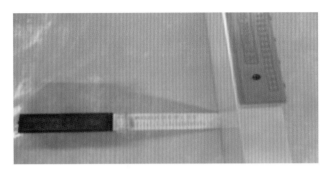

**图 6.2.10 平整度检查**

（6）卸模作业。卸模作业时应注意不要损伤地面边缘，模板拆除后应进行清理工作，为下一仓砼浇筑做准备。

（7）填仓混凝土的浇筑。填仓砼浇筑与上述方法相同，已浇筑好的砼边缘必须清理干净，地面的平整度符合要求。

（8）养护措施。洒水覆盖养护膜，做好养护工作，养护周期不少于7天，确保地坪表面处于湿润状态。

## 四、经济效益

1. 经济效益：1000平方米地面节约人工9人工/日，9×200=1800元/千平方米；共11200平方米地坪，11.2×1800=20160元，工期提前约10天，平均每天的管理成本及机械租赁费用5600元，10×5600=56000元。合计76160元

2. 社会效益：采用激光整平机跳仓施工，成型质量远超预期，得到业主与监理一致好评。

3. 技术效益：本工程使用的分仓模板标高控制小措施，已经编写专利。

# 编委会

主编单位：青岛市住房和城乡建设局

参编单位：青岛市建筑工程质量监督站

青岛市建筑业协会

荣华建设集团有限公司

中青建安建设集团有限公司

青建集团股份公司

中启胶建集团有限公司

青岛博海建设集团有限公司

中建八局第四建设有限公司

青岛中建联合集团有限公司

青岛建设集团有限公司

青岛亿联建设集团股份有限公司

山东天齐置业集团股份有限公司

东亚装饰股份有限公司

青岛青房建安集团有限公司

山东兴华建设集团有限公司

青建国际集团有限公司

青岛方圆达建设集团有限公司

青岛瑞源工程集团有限公司

编写人员：崔　浩　李延敏　孙　波　曹京强　韩丽丽　刘宅柯　姚　宏　封建军　刘忠辉　周建平　陈兆升
　　　　　石百军　孙邦君　姚　强　王健勇　张明平　刘迎新　郭宏山　胡文玉　张行良　黄永波　刘志生
　　　　　田世杰　刘珊珊　吴　昆　黄运昌　乔永胜　李启东　蔡玉卓　吕茂森　葛长波　贾允旭　赵文涛
　　　　　常玉军　林长青　杨海龙　穆卿妍　曲静一　等

审核委员会主任：陈　勇

审核委员会副主任：刘玉勇

主　审：孙　雷

审　核：王进文　王　琮　葛宏翔　刘会俊　邵良世　于海涛　穆卿妍　段祥兔
　　　　　马健勇　台道松　王大成　范　维　陈明栋　等